수학의 수학

* 이 도서의 국립중앙도서관 출판시도서목록(CIP)은 e-CIP홈페이지(http://www.nl.go.kr/ecip)와 국가자료공동목록시스템(http://www.nl.go.kr/kolisnet)에서 이용하실 수 있습니다.
(CIP제어번호: CIP2015035755)

옥스퍼드대 김민형 교수의 세상에서 가장 아름다운 수학 강의

수학의 수학

김민형 · 김태경 지음

은행나무

일러두기

이 책은 '아트앤스터디' 수학인문 강좌 '시간과 공간을 이해하는 기초 : 수(數)'
의 내용을 기반으로 단행본으로 묶은 것입니다.

차례

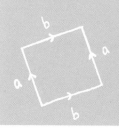

서문 _ 피타고라스의 주석

 '수학은 발견되는 것이냐 발명되는 것이냐'는 진부한 질문은 플라톤의《국가》로부터 유래한 것이나 요새도 드물지 않게 지식인들 사이에서 거론된다. '수학'이라고 했을 때 이는 수학이라는 학문을 뜻할 수도 있고 그 학문에서 공부하는 개념과 구조 등을 이야기할 수도 있다. 학문으로서의 수학은 인간이 이해하는 바를 이야기로 전개해나가기 때문에 당연히 발명되는 요소들이 많다. 그것은 사실주의 소설도 창작물이라는 원리와 비슷하다. 그러나 사실주의에서는 꾸며낸 이야기라 할지라도 소재는 실제 세상에 근거할 것을 강조한다. 마찬가지로 의미 있는 질문은 수학이라는 학문에 대한 것이 아니고 '수학적인 물체들'이 자연에 존재하는 것이냐 아니면 인간들이 만들어내는 일종의 언어일 뿐이냐 하는 것이다. 소설에 비유를 계속하자면, 학문 수학이 사실주의 소설과 더 비슷한가 혹은 판타지에 더 가까운가를 묻는 것이다.
 최근에 러시아 독지가 유리 밀너가 자신이 수여하는 '수학 개척상' 기념학회에서 수상자들을 모시고 좌담회를 주도했는데 수학계의 중심적인 인물 다섯 명에게 던진 첫 번째 질문이 바로 이 발견/발명에 관한 것이었다. 이 질문에 대해서는 모든 수상자들이 비슷한 반응을 보였다. 가장 분명하게 이러한 반응을 표현한 사람은 프랑스 고등과학원에서 연구하는 막심 콘세비치였다. '뛰어난 수학은 당연히 발견된다. 발명되는 수학도 있으나 그런 수학은 대체로 잊어버리는 것이 좋다.' 우리는 근본적으로 콘세비치의 관점에 공감한다.

수학적인 물체라고 하면 보통은 당연히 수를 떠올릴 것이다. 그래서 발견/발명 질문의 첫 번째 경우도 바로 수가 자연에 존재하느냐는 것이다. 수에 대한 이 질문은 수학의 굉장히 많은 부분을 내포한다고 볼 수 있다.

그런데 이 질문에 대해서 우리는 당연히 수는 자연에 존재한다고 잘라 말할 것이다. 이 자신만만한 답을 설명하기 위해서 먼저 다루어야 할 기초적인 질문은 수가 도대체 무엇이냐는 것이다. 존재성을 의심받고 있는 그것이 무엇인지 모르는 상태에서는 질문에 답하기 어렵다. 가령 용이 존재하지 않는다고 했을 때는 어떤 특정한 성질들을 갖춘 동물이 자연에 없다는 뜻이다. 그렇다면 수가 자연에 있다 없다 논의할 때는, 어떤 성질을 가진 물체에 대해서 이야기하고 있는 것일까?

이 책의 1장에서 우리는 수의 정체에 대한 까다로운 질문을 던지고 1장, 2장에 걸쳐서 다양한 종류의 수를 소개할 것이다. 예시를 통해서 수의 근본에 접근한 후에 수가 무엇이냐는 질문에 대해 2장 끝부분에서 답할 것이다. 답을 보고 나면 수가 자연에 존재한다는 것이 자명하게 되리라고 믿는다. 수천 년 전에 피타고라스는 '모든 것이 수'라는 격언을 남겼었다. 우리가 이 책에서 하고자 하는 이야기는 피타고라스의 이론에 덧붙이는 긴 주석일 뿐이다.

3장과 4장에서는 기하적 구조를 구성하고 물체의 미시적인 성질을 탐구하는 데 절대적으로 필요한 실수 체계와 복소수 체계를 거론할 것이다. 5장에서는 수에 대한 고찰로부터 수학의 기본 이론인 군론이 파생되는 과정에 대해서 이야기할 것인데, 불가피하게 앞부분에 비해서 좀 어려울 것 같아서 독자들에게 미안하다. 그렇지만 군론은 현대 물리학의 상대성이론이나 기본 입자의 분류에 대한 연구에 핵심적인 역할을 하기 때문에, 수에 대한 기초적인 질문에서 시작했던 이 책을, 여러 사람이 오랜 시간 노력한 끝에 창출해낸 혁명적인 패러다임의 놀라움을 즐기면서 끝낼 것이다.

이 책은 2014년 8월 '아트앤스터디' 세미나실에서 진행한 수학인문 강좌의 내용을 가능한 범위 내에서 비교적 충실하게 기록한 것이다. 여름날 저녁 느슨한 시간에 사회 각계에서 오신 청중들과 나눴던 그 당시의 즐거운 분위기를 독자들에게도 어느 정도 전하고자 했다.

강의를 주선해주신 은행나무 출판사와 '아트앤스터디' 여러분에게 깊은 감사 인사를 전하고 싶다.

1장

피타고라스와 아르키메데스에서 현재에 이르기까지

다섯이란 무엇일까

우리는 수에 대한 글이나 강의를 다음과 같은 엉뚱한 질문으로 시작하기를 좋아한다. 다음 세 그림의 공통점은 무엇인가?*

상식적으로 생각해보면 별 공통점이 없다는 결론에 다다르는 것이 자연스럽다. 그러면 다음 세 그림을 다시 살펴보자.

* 《소수공상》에서 도입부를 빌려 왔음을 밝혀둔다.

이제는 의도하는 바가 명확해졌다. 독자들은 '다섯'이라는 답이 금방 머릿속에 떠오를 것이다. 각자 보았을 때는 상당히 다른 물체들을 이런 식으로 모아놓고 나면, 확실한 공통점이 생겨버린 것이다. 그렇다면 우리가 '다섯'이라는 말을 할 때, 그 '다섯'이라는 것이 진정 의미하는 것은 무엇일까? 한 가지 쉬운 답변은 '다섯은 수다'라는 것이다. 하지만 다시 생각해보면 이는 점점 더 미궁 속으로 빠져드는 답일 뿐이다. '다섯'을 '수'라고 대답하는 순간 우리에게는 다시 '수'란 무엇인가라는 질문이 떠오르게 되고, 그 질문은 '다섯이란 무엇인가'란 질문보다 훨씬 어려운 질문이기 때문이다.

이런 종류의 질문들이 어렵게 느껴지는 이유가 무엇일까? 우리는 직관적으로 '고양이 다섯 마리', '물음표 다섯 개' 또는 '핸드폰 다섯 대'가 무엇인지 알고 있다. 하지만 이렇게 이질적인 물체들 사이에 존재하는 추상적인 '다섯'이라는 실체가 우리에게 잘 와 닿지 않는 것이 첫 번째 이유일 것이다. 이런 추상적인 것들을 집합적으로 일컫는 '수'라는 것이, 일상 속에서 끊임없이 마주치고 있음에도 생소하게 느껴지는 것은 어쩌면 당연한 일이다. 강의 중 한 학생에게 수가 무엇인지 질문하였을 때, 수는 숫자라고 대답하는 것을 들은 일이 있다. 이 대답은 어떤가? 예를 들어 우리는 '다섯'이라는 수를 '다섯', '5', '五', 'V' 등으로 다양하게 나타낼 수 있지만, 이들이 모두 다른 것이라고는 생각하지 않는다. 즉 숫자는 수를 표현하는 방식일 뿐이지 수 그 자체라고는 할 수 없는 것 같다. '나무'라는 단어가 땅에 뿌리를 박고 가지에 잎이 달린 나무 그 자체가 아니듯이 수를 '숫자'로 생각하는 것은 분명히 틀리다. 하지만 이러한 답변이 나오게 된 이유를 짐작해보면, 이해하기 어려운 추상적인 실체인 '수'를 매일 마주하고 쓰고 있는 숫자, 즉 기호로 대치하는 것이 편리하기 때문으로 보인다. 수가 무엇인지 진정 이해하기 위해서는 다섯이라는 수가 사물이나 기호로 표현되는 것을 넘어서서 그들 안에 공통적으로 내재되어 있는 일종의 본질적인 것을 추출해야 한다.

그렇다면 정말로 수란 무엇일까? 역사적으로 이러한 질문을 제일 먼저 제기하고, 나름대로의 답을 주었던 사람 중에 사모스의 피타고라스(Pythagoras, 기원전 570년경~기원전 495년경)를 생각하지 않을 수 없다.

피타고라스의 해답

피타고라스는 아마도 독자들에게는 피타고라스의 정리로 가장 잘 알려져 있을 것이다. 아래와 같은 직각삼각형 ABC가 주어져 있다고 하고, 각 꼭짓점 A, B, C와 마주보는 변의 길이를 a, b, c로 나타내자. 피타고라스의 정리는 직각삼각형의 두 짧은 변들 길이의 제곱의 합이 가장 긴 빗변 길이의 제곱과 같다는 것으로서, 아래와 같은 직각삼각형의 경우 $c^2 = a^2 + b^2$이 된다는 뜻이다.

피타고라스

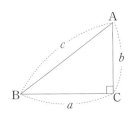

피타고라스의 정리가 성립하는 직각삼각형

 이런 수학적 업적을 남겼으나 피타고라스는 단순한 수학자는 아니었다. 그는 남부 이탈리아의 크로토네에 종교적 색채가 강한 '피타고라스 학파'를 세우고 그를 따르는 많은 제자들과 함께 수학, 수비학, 음악과 철학, 각종 신비주의가 혼합된 요상한 연구를 한 것으로 알려져 있다.

수가 무엇인지에 대한 피타고라스의 대답은 "모든 것이 수이다"라는 피타고라스의 유명한 언설에서 잘 나타나고 있다. 이는 바꾸어 말하자면 우리의 모호한 질문에 대해서 우주의 모든 삼라만상을 이루는 기본 요소가 바로 수라는 (그 역시 모호하면서도 나름 엄청난) 답을 준 것이다. 어떻게 해서 이러한 결론을 얻게 되었는지 물었을 때, 피타고라스는 음악에 나타나는 화음에 대한 연구로부터 나온 착상이라고 답했다.

피타고라스가 살고 있던 시기의 현악기 연주자들도 아마 알고 있었을 것으로 추측되지만, 피타고라스는 재질이 같고 길이만 다르게 한 두 현을 튕겼을 때 두 현의 길이의 비율이 간단한 정수비로 나타날수록 함께 듣기 좋은 음, 즉 화음이 나타나는 것을 발견하였다. 예를 들어 가장 간단한 정수비인 2 : 1, 즉, 한 현의 길이가 다른 현의 길이의 정확히 두 배가 되었을 때 길이가 짧은 현에서는 길이가 긴 현보다 8도 높은, 즉 한 옥타브 올라간 음이 나오게 되며, 그 두 음은 서로 잘 어울린다. 또 길이의 비가 3 : 2면 짧은 현에서 5도 높은 음이 나와서 이 역시 좋은 화음의 기본을 이룬다.

이를 현대적인 관점으로 자세히 다시 살펴보도록 하자. 우리는 어떻게 소리를 듣게 되는 것일까? 우리 귀에는 고막이라 불리는 얇은 막이 있는데 먼저 우리는 이 막을 통해 주변 공기의 진동*을 느껴 받아들인다. 고막의 진동은 고막 뒤에 있는 달팽이관을 통해 신

---

* 여기서 공기가 진동한다는 것은 공기의 압력이 재빠른 주기로 바뀜을 뜻한다.

경을 타고 흐르는 전기신호로 바뀌어 뇌에 전달된다. 아름다운 음악뿐 아니라 말소리, 시끄러운 소음 모두 이러한 방식을 통해 느끼게 되므로 소리를 만들어 내기 위해서는 어떤 방식으로든 공기를 진동시켜야 한다.

대표적으로 현악기 연주자들이 하는 일이 바로 이것이다. 현악기를 연주한다는 것은 악기의 현을 다양한 방식으로 진동시켜 공기의 진동을 만들어 내는 것을 의미한다. 우리가 소리를 들을 때 소리의 높고 낮음을 구분할 수 있는데 높은 소리는 낮은 소리에 비해 단위시간당 더 여러 번 공기가 진동하고 있음을 뜻한다. 1초당 현이나 공기가 진동하는 수를 진동수라고 하며, 단위는 헤르츠(Hz)이다. 실제로, 'Online Tone Generator'라는 웹사이트*에서 다양한 진동수를 갖는 음을 재생해볼 수 있다. 창을 여러 개 두고 서로 다른 진동수를 갖는 음을 재생시켜보자. 예를 들어 기본 옥타브에서 'A', 혹은 '라' 음에 해당하는 440Hz를 재생시켜 보고, 진동수가 그것의 두 배인 880Hz일 때를 재생시켜 보든지 진동수가 1.5배인 660Hz를 함께 재생시켜보면 두 음이 서로 잘 어울리고 있음을 확인해볼 수 있다. 반면, 440Hz와 간단한 정수비가 아닌 537Hz와 같은 진동수를 재생시켜보면 음이 잘 어울리지 않음도 알 수 있을 것이다.

피타고라스는 이와 같은 발견으로부터 소리와 음계가 수로부터 만들어졌다는 이상한 결론을 내렸다. 전혀 수와는 상관없어 보이는

* www.onlinetonegenerator.com

현의 화음이 수 체계의 구조로 설명된다는 관찰로부터, "모든 것이 수다"라는 엄청난 비약에 다다른 것이다.

피타고라스는 간단한 수들에 일상적인 의미를 부여하기도 했다. 다음 표는 피타고라스가 의미를 붙인 몇 가지 간단한 수들을 나타낸 것이다.

수	의미	수	의미
1	이성의 수	4	정당한 복수의 수
2	첫 번째 여성의 수	5	결혼의 수
3	첫 번째 남성의 수	6	창조의 수

이 표에서도 재미있는 점을 찾을 수 있다. 왜 2가 첫 번째 여성의 수이고 3이 첫 번째 남성의 수인지는 알 수 없지만, 2와 3을 더한 5가 결혼의 수라는 것과, 2와 3의 곱인 6이 창조의 수인 것은 어느 정도 이유를 알 것 같기도 하다. 한편, 피타고라스의 시대를 지나 소크라테스와 플라톤에 의해 '이데아'의 개념이 철학 세계에 도입된 이후에는 수에 대한 이러한 해석이 유치한 것으로 비쳐지기도 했던 모양이다. 피타고라스 시대만 하더라도 수라는 것이 너무도 어려운 것이기 때문에 이를 이해하기 위해 '남성' '여성' '결혼' 등의 우리에게 익숙한 개념들을 수에 억지로 부여해야만 했던 것이다. 그러나 세상에 존재하는 모든 개별 사물들의 가장 완전한 본질로서의 이데

아의 개념이 철학 세계 안으로 편입된 이후에는 앞서 보았던 '고양이 한 마리', '물음표 한 개', '핸드폰 한 대'가 모두 '하나'라는 수의 이데아가 발현된 개개의 예시임을 알게 되었던 모양이다. 이 단계에 와서는 피타고라스 같은 선조들의 해석이 조금 우스꽝스럽게 느껴지기도 했을 것이다.

'수란 무엇인가'와 같은 질문이 우리에게나 피타고라스에게나 어렵게 느껴지는 것은 사실 무척 자연스러운 일이다. 수뿐만 아니라 어떤 사물이든지 그것이 무엇인지를 묻는 것은 항상 어려운 질문인 것 같다. 가령 '색'이란 것이 무엇이냐 물으면 현대 물리학자는 '주파수에 의해서 결정되는 빛의 성질' 이런 종류의 어려운 답을 줄 것이다. 즉, 우리가 보통 쉽게 감지하는 색의 정체를 오히려 수에서 찾는다. '그러면 빛은 무엇이냐'고 물으면 '맥스웰 방정식의 파동해'라고 또 어렵게 설명한다. 그러니까 사물의 정체는 사물을 묘사하는 수학적 구조와 동일시하는 것이 보통이다.

더 상식적으로 이야기할 때 현대과학에서는 대체로 어떤 사물이 '무엇인가'에 대한 질문을 피하여 사물이 '어떻게 움직이는가' 하는 종류의 구체적인 질문을 선호하면서 이론을 전개하고 실험을 통해 입증해나간다.* 예를 들어 뉴턴의 운동법칙을 살펴보자. 그것은 다음처럼 간단히 표현할 수 있다.

---

* 영어로 표현하자면 "Modern science asks not what things are, but how things work."

$$F=ma$$

여기서 F는 물체에 주어지는 힘, m은 물체가 가지고 있는 고유의 질량을 의미하며 a는 힘의 결과로 나타나는 속도의 변화, 즉 가속도를 나타낸다. 한마디로 뉴턴의 운동 법칙은 "물체에 힘이 주어지면 물체에는 그 힘에 비례하는 속도의 변화가 생겨난다"고 표현할 수 있다. 이 단순한 법칙을 응용하여 인류는 우주로 나갈 수 있었지만, 아직까지도 이를테면 "힘이 무엇인가?" 또는 "질량이 무엇인가?"라는 질문들은 아주 어려운 것으로 남아 있다.

물리학자들은 힘이 무엇인지에 대한 질문을 제쳐두고 먼저 적절히 수학적으로 공식화한 다음 그것의 성질을 공부하기 위해 힘을 측정하는 방법을 생각하고 관련된 이론을 전개해나갈 뿐이다. 측정하고 있는 그것이 도대체 무엇이냐는 질문은 별로 효율적이지 못한 질문으로 간주된다.

우주를 가득 채울 모래알 개수는 몇 개일까

어떤 사물이 무엇인지에 관한 질문이 어려울 때 이를 피하는 한 가지 방법은 그것의 예시를 드는 것이다. 이를테면 동물이 무엇인지 엄밀하게 정의를 내리기는 어려워도 '고양이' '사자' '개' 등등 다양한 동물의 예시를 주고 이를 통해 이들이 공통적으로 가지고 있는 성질이 무엇인지 살펴나가는 것도 좋은 접근방법이라 할 수 있다.

이런 관점을 적극적으로 도입하여 이제부터 다양한 수들의 예를 살펴보고자 한다.

우리가 처음 살펴볼 수는 100,000,000이다. 일억(一億)이라는 이 수는 어려운 수인가? 아마도 큰 수라는 생각이 들지 모르지만 개념적으로 어렵게 느끼는 사람은 많지 않을 것이다. 오히려 인터넷이나 방송, 신문 등에서 쉽게 볼 수 있는 흔한 수라고 생각될 것이다. 하지만 우리가 이렇게 큰 수를 익숙하고 흔하게 생각하는 것은 단지 경제의 규모가 커졌기 때문은 아닌 듯하다. 예를 들어 옛날 사람들은 "모래사장의 모래가 더 많은가, 아니면 숲 속의 나뭇잎이 더 많은가?"하는 질문을 개념적으로 무척이나 어렵게 생각했다고 한다. 이런 질문에 대해서 체계적인 사고를 처음 시작한 사람은 시라쿠사의 아르키메데스(Archimedes, 기원전 287년~기원전 212년)였던 것 같다.

아르키메데스

그는 작은 양의 모래알 개수로부터 모래사장 전체의 모래알 수, 더 나아가서 전 우주에 들어갈 수 있는 모래알의 개수를 유추해내는 방법을 제시했다.

지금은 이런 질문에 대한 답을 구체적으로 구하려면 실질적인 어려움에 부닥치기도 하겠지만 답을 구하는 데 필요한 방법론 자체를 모르는 사람은 거의 없을 것이기에 여기에서 일일이 설명하지 않겠다.

어떻게 해서 우리는 고대 그리스에서 천재적인 과학자나 파악할 수 있었던 개념들, 또 엄청나게 큰 수들을 쉽게 받아들이게 되었을까? 다른 어떤 이유보다도 표기법의 발전이 큰 역할을 하지 않았나 싶다. 고대 로마시대부터 사용되었던 로마 숫자 체계에서는 1, 5, 10, 50, 100, 500, 1000 등의 숫자에 특정한 문자 I, V, X, L, C, D, M을 할당하고, 이들을 여러 개 배치하여 큰 수를 나타내었다. 가령 3333을 로마 수로 표기하면 다음처럼 나타낼 수 있다.

$$\text{MMMCCCXXXIII}$$

이런 체계를 가지고 큰 숫자를 표기하기는 무척 어렵고, 문자들을 적당히 할당하여 표기하였다 하더라도 이를 이용하여 사칙연산과 같은 기본적인 연산을 수행한다고 생각해보면 끔찍할 정도로 복잡한 것임을 알 수 있다. 그런데 지금은 10^{12} 같은 표기법으로 굉장히 큰 수도 간략하게 표현할 수 있으며 다음 식 정도의 계산도 누구나 이해할 수 있다.

$$1,000,000 \times 1,000,000 = 1,000,000,000,000$$

그리고 약간의 근사법과 산수를 가지고 계산해보면 대천 해수욕장 모래알의 수가 10^{40}보다는 분명히 작을 것이라고 장담할 수도 있다. (한번 생각해보라.)

일억 같은 큰 수를 어려워했던 시절에 0이라는 수나 0보다 작은, 이를테면 -2 같은 수는 어땠을까? '아무것도 없는 것'을 수로 받아들일 수 있음은 실제로 수학 역사상 가장 혁명적인 발견에 속하는 것으로, 예전 사람들은 이런 개념을 이해하는 데 큰 곤란을 겪었다. 하물며 아무것도 없는 것보다 더 작은 수의 개념은 얼마나 어려웠을까? 하지만 현대에 와서는 초등학생들도 아는 수가 되었다. 많은 건물에서 엘리베이터에 들어가면 층 버튼에 -1, -2, …라고 표시되어 있을 정도로 이제는 음수도 익숙한 개념인 것이다.* 이러한 예는 역사상 많이 나타나는데, 1.5(하나, 둘, 셋 하고 셀 수 있는 정수가 아니다), $\sqrt{2}$(대수적 방정식 $x^2-2=0$을 만족하는 양수해로, 정수의 비로 표현할 수 없는 무리수이다), π(대수적인 방정식을 만족하지도 않는 초월수이다), $\sqrt{-1}$(제곱해서 -1이 되는 수로서 대수적 방정식 $x^2+1=0$을 만족한다)과

---

* 양을 나타내는 수만 생각하면 음수가 어렵지만 거리와 방향을 다 수로 표현할 수 있다는 데 착안하면 음수도 자연스러워지는 것이다. 직선 연산을 참조하라.

같은 수들이 그러한 예이다. 앞서 나온 수들도 0이나 −2와 마찬가지로 지금에서야 성인 이전의 학교 교육에서 잘 다루고 있지만, 처음 소개되었을 때는 당대 최고의 수학자들조차 개념을 이해하기 어려워했던 복잡한 수들이었다.

앞에서 수와 숫자는 같은 것이 아니라고 언급했었다. 이번에는 숫자가 아닌 수의 예를 하나 살펴보자. 우선, 아래와 같은 직선이 하나 주어져 있다고 하자.

그림에서는 끝에서 직선이 잘려 유한한 길이를 갖는 직선인 것처럼 보이지만 사실은 무한히 뻗어나가고 있는 진짜 직선이라고 생각하자.

무한히 뻗어나가고 있는 직선과 그 위의 두 점 a, b

이러한 직선 위의 두 점 a와 b를 골랐을 때, 이 두 점을 '더할' 수 있을까? 직선과 점 두 개만 주어진 상태에서 두 점을 더한 점을 체계적으로 찾아낼 수 있는 방법이 있을까? 조금 생각해보면, 이런 상태 아래에서는 어떠한 방식을 사용하더라도 세 번째 점을 자연스럽게 대응시킬 방법이 없다는 사실을 금방 깨닫게 된다. 하지만 직선 위 어디엔가 점을 하나 추가해놓고 0이라고 부르면 상황이 달라진다.

원점을 정해준 직선

이제는 두 점 a와 b를 더할 수 있다. 즉, $a+b$는 0점에서부터 a까지의 거리를 측정하여 b로부터 그 거리만큼 오른쪽으로 더 진행한 점이 된다.

두 점 a와 b의 합인 점 $a+b$

따라서 0점이 주어진 직선상의 모든 점들은 마치 우리가 보통 연산을 할 때처럼 더할 수 있다. 또한 만일 a라는 점이 직선상에 주어졌다면, 0점으로부터 a가 있는 방향과는 반대 방향으로 0점에서 a까지의 거리만큼 진행한 점을 생각할 수 있을 것이다. 이 점은 이제 $-a$라 두는 것이 자연스럽다. 두 점 사이의 뺄셈 $a-b$는 기하학적으로 어떻게 나타낼지 비교적 자명할 것이다. 그러면 $a \times b$, 즉 점의 곱셈도 정의할 수 있을까?

이 문제를 해결하기 위해서는 0점이 아닌 점을 또 하나 기본정보로 정한 다음 "1"이라고 불러야 한다.

그러면 기울기가 a인 직선 L_a를 그리는 것이 가능해져서 점 b로부터 L_a까지 수직선을 따라서 간 거리 d를 구한 후 0점으로 부터

d만큼 떨어진 직선상의 점을 그리면 $a \times b$가 나온다.

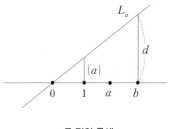

두 점의 곱셈

이렇게 묘사한 직선상의 점의 연산을 어쩌면 이미 수의 연산과 같다고 느끼는 독자들도 있을 것이다. 그러나 그것은 이미 교육을 너무 많이 받은 탓이다!

앞으로 더 거론하겠지만 실수의 개념이 정착되면서 자연스럽게 직선상의 점들과 대응 시키는 과정을 이미 보았을 터인데 이것은 역사적으로 수천 년의 개념적 진화의 산물을 여러분이 즐기고 있기 때문이다. 그러니까 우리 시대에는 단순히 세고 산수를 하는 수의 개념을 초월하여 직선상의 점으로 해석한 수에 대한 기하적인 직관을 초등학교에서부터 강조하고 있다.

보통 생각할 만한 수가 아닌 물체들의 덧셈과 곱셈의 다양한 예들을 다음 장에서 더 소개할 계획이다. 그런데 지금은 처음에 제기되었던 질문인 '수란 무엇인가?'에 대한 잠정적인 해답을 줄 때가 된 것 같다. 앞의 예들에서 수는 어떤 특별한 하나의 기호라고 할 수 없다는 것을 보았고, 또한 적절한 연산이 주어지면 직선 위의 점들처럼 수와는 무척 달라 보이는 것들도 수로 볼 수 있다는 것을 알았다. 따라서 우리는 수에 대해 다음과 같은 잠정적인 정의를 내린다.

수란 연산을 할 수 있는 것이다.

즉, 우리는 수를 연산이 주어진 어떤 것으로 막연하게나마 생각하려고 한다.

연산에 대하여

정확하게 연산이 무엇인지는 아직 설명하지 않았지만, 일단은 두 개의 물체를 받아서 세 번째 물체를 주는 체계적인 방식으로 생각하려고 한다. 그렇다면 역시 우리가 일상적으로 수행하는 더하기, 빼기, 곱하기, 나누기 같은 것들이 연산의 가장 기초적 경우일 것이다. 그런데 이러한 기초적인 사칙연산들도 사실은 상당히 섬세한 구조를 가지고 있다.

예를 들어서 다음의 연산을 살펴보자.

$$333{,}667 \times 2997 = 999{,}999{,}999$$

간편하게 탁상용 계산기로도 계산해볼 수 있는 위의 연산에는 특별히 어려운 점은 없다고 할 수 있지만, 우변에 999,999,999라는 재미있는 숫자가 나왔다. 이런 간단한 연산의 결과만 해도 무언가 설명이 필요하다는 느낌을 갖지 않을 수 없다. 설명을 위해서 이 연산을 조금 더 분해해서 살펴보자. 우선 2997이란 수를 $37 \times (3^4)$로 쪼개어 쓰자. 그런데 $37 \times (3^4) = 333 \times 9$이고, 따라서 다음과 같다.

$$333,667 \times (333 \times 9) = (333,667 \times 333) \times 9$$
$$= 111,111,111 \times 9$$

즉, 우리가 곱셈의 결합법칙이라고 부르는 연산의 법칙, 즉 여러 번의 곱하기 계산을 할 때 마음대로 괄호를 칠 수 있다는 법칙을 받아들이면 일견 복잡해 보이는 $333,667 \times 2997$의 연산을 $111,111,111 \times 9$로 바꿀 수 있게 되어 최종적으로 999,999,999가 된다는 사실을 '설명'할 수 있다. 그러니까 이상한 결과에 대한 설명은 결국 결합법칙으로부터 나온다고 할 수 있다.

결합법칙에 대해 좀 더 자세히 살펴보자. 보통 결합법칙은 세 수 a, b, c를 아무렇게나 가지고 왔을 때, 다음이 만족된다는 것이다.

$$(a \times b) \times c = a \times (b \times c)$$

우리가 어릴 때부터 익히 배워 연산법칙이지만, 사실 이것은 결코 자명한 법칙이 아니다. 통상적인 수 체계에서는 이런 법칙을 어떻게 정당화할 수 있을까? 한 가지 방법은 기하학적으로 생각하는 것이다. 두 수 a와 b를 곱하는 것을 우리는 기하학적으로 가로가 a, 세로가 b인 직사각형의 넓이를 구하는 것으로 이해한다. 또한 세 수의 곱셈 $(a \times b) \times c$는 먼저 a와 b를 곱하여 만들어진 직사각형에 c라는 높이를 곱하는 것으로, 즉 밑면의 가로가 a, 세로가 b이고 높이가 c인 직육면체의 부피를 구하는 것으로 이해한다.

이렇게 기하학적인 해석을 도입하고 나면, 가로 a, 세로 b, 높이 c인 직육면체를 잘 돌려서 가로 b, 세로 c, 높이 a인 직육면체를 만들 수 있다는 사실로부터 결합법칙이 성립함을 확인할 수 있다.

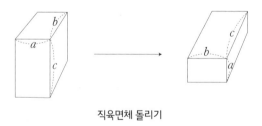

직육면체 돌리기

물론 엄밀한 수학적인 증명과는 거리가 있지만, 이와 같이 기하학적으로 (그림으로) 수학적 성질들을 직관적으로 이해하는 것은 수학적 증명에 못지않게 중요하다. 실제 연구를 수행하는 수학자들도 일견 한 치의 오류도 허용하지 않는 엄밀한 증명만을 추구한다고 생각할 수 있지만, 실제로는 수학적인 아이디어를 떠올리고 그로부터 파생되는 다양한 직관을 계발하는 것이 연구에 더 큰 도움이 된다. 집을 짓는 과정에 비유하자면, 아이디어를 만들고 직관적으로 이해하는 것이 실제로 집을 짓는 일이고, 그에 따르는 자세하고 엄밀한 증명은 청소하는 과정으로 생각할 수 있다. 오해를 피하기 위해 첨언하자면, 이는 수학자들이 엄밀한 증명을 가볍게 여긴다는 뜻이 아니라 큰 그림을 갖는 것이 수학 연구에 있어 무엇보다 중요하다는 뜻이다.

이와 같은 직관을 통해 수학적 성질을 이해할 수 있는 한 가지 예를 더 들어보자. 수들의 연산에서 결합법칙만큼 중요한 법칙 중 하나는 '교환법칙'이라 불리는 성질이다. 물론 우리가 다루는 모든 수의 체계에서 성립하는 법칙은 아니지만, 보통 일상에서 사용하는 모든 종류의 덧셈과 곱셈에는 이 법칙이 성립하며, 실제 계산에서도 중요하게 사용되고 있다. 곱셈에 대하여 교환법칙이란 두 수를 곱할 때 어떤 순서로 곱해도 같은 답을 준다는 법칙이다. 수식을 사용하면, a와 b가 두 수라 할 때, $a \times b = b \times a$가 성립함을 뜻한다. 이러한 법칙은 직관적으로 어떻게 생각할 수 있을까? 앞서 결합법칙에서 설명했던 것처럼, 곱셈의 기하학적인 해석은 일차적으로 도형의 넓이라고 생각할 수 있었다. 그러면, $a \times b$는 a의 가로와 b의 세로를 갖는 직사각형의 넓이를 구하는 것으로 생각할 수 있는데, 직사각형을 '눕히면' 이 직사각형은 가로가 b이고 세로가 a이며 넓이가 $b \times a$인 직사각형이라고 생각할 수 있을 것이다. 이제 $a \times b = b \times a$임은 자명해 보인다. 아래 그림을 참조하자.

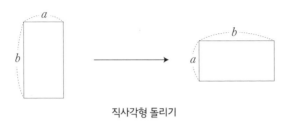

직사각형 돌리기

'연산을 할 수 있는 것이 수'라는 주장을 하면서도 아직 연산이 무엇인지 정확하게 이야기하지 않았다. 그러나 앞으로 예를 통해서 접할 연산법칙들은 대체로 이런 종류의 법칙, 즉, 결합법칙이나 교환 법칙을 만족할 것이고 그런 연산이 주어진 구조를 추상적인 표현을 써서 '수 체계'라고 부르기도 할 것이다.

하여튼 중고등학교 교육과정에서 만났을 만한 연산들도 수를 가지고 하는 단순한 연산의 수준을 넘어가는 것들은 많다. 예를 들어 문자로 하는 연산을 표현하는 다음의 수식도 다들 보았을 것이다.

$$(x+y)^2 = x^2 + 2xy + y^2$$

그런데 이 연산은 수를 가지고하는 연산의 자연스러운 연장으로 생각할 수도 있다. 위 등식은 x와 y에 아무런 수를 넣어도 수식이 성립한다는 것을 표현한다. 그럼에도 이러한 연산의 놀라운 점은 아래의 무한히 많은 계산을 한번에 하고 있는 것이다.

$$(3+5)^2=3^2+2\cdot3\cdot5+5^2$$
$$(10+1)^2=10^2+2\cdot10\cdot1+12$$
$$\cdots=\cdots$$

하나하나만 놓고 봐도 쉽지 않은 식들을 무한히 많이 늘어놓는 것을 한 번에 수행하는 계산을 한국 교육과정에서는 중학교에서 이미 학생들에게 가르치고 있다! 또한 예를 들어 다음과 같은 계산을 살펴보자.

$$1+\frac{1}{2}+\frac{1}{4}+\frac{1}{8}+\cdots=2$$

이러한 '무한 번의 더하기'는 앞으로 살펴보게 되겠지만 개념 자체를 이해하기에 너무 어려워서 '모순'이라는 이름으로 수백 년간 철학자들과 수학자들을 괴롭히던 문제였다. 지금에 와서는 고등학생이 배우는 내용이다. 더 나아가 다음과 같은 연산도 살펴보자.

$$\int_0^1 x^2 dx=\frac{1}{3}$$

이것은 무한 번의 더하기와 비슷하면서도 조금 다른 '적분'이라는 것인데, 무한 번의 '연속적인' 더하기를 하는 것을 뜻한다.

처음에 제기되었을 때는 너무나도 어려웠던 개념들, 어려운 연산들이 인류가 점점 이해의 폭을 넓혀오면서 자연스럽게 받아들여지고, 결국 집단의 미성년들에게 지식으로서 전달하게 되는 일은 위와 같이 너무나 흔한 일이다.

그리하여 지금에 있어서는 '수란 무엇인가'라는 질문이 아무 필요도 없게 되어버렸고, 그런 질문을 오히려 엉뚱하게 느끼면서, 상당히 고등한 수 체계를 자유자재로 사용하고 있다는 사실이 인류의 놀라운 개념적 성숙도를 나타내는 것이다.

철학자 화이트헤드의 말을 인용하면서 이 장을 닫을까 한다.

"아무런 생각 없이 수행할 수 있는 작업의 개수를 늘림으로써 문명은 발전한다."

2장

수의 정체를
찾는 모험

도넛과 머그잔을 구분할 수 없다

지난 장에서 수란 단순한 숫자가 아니며, 연산을 할 수 있는 것이 모두 수라는 잠정적이지만 중요한 정의를 제시했다. 또한 우리가 어린 시절부터 수학을 배워오면서 익혔던 수의 세계 안에서의 다양한 연산들도 살펴보았다. 이번 장에서는 일반적인 숫자로 쓰여지지는 않았지만 현대 수학과 과학 문명 전반에 걸쳐 많은 영향을 주고 있는 다양한 연산들에 대해 소개하고자 한다.

우리가 처음으로 살펴볼 연산은 '곡면의 연산'이라 불리는 연산이다. 먼저 곡면이 무엇인지 알아보자. 곡면이란 2차원 물체로서 경계가 없고 부드럽게 이어져 있는 물체를 뜻한다. 이런 복잡한 표현보다 그림이 훨씬 도움이 될 것이다.

다양한 곡면의 예시

여기에서 '2차원 물체'라는 것은 단순하게 말해 헝겊이나 종이처럼 길이와 너비는 있지만 두께가 없거나 무시할 수 있는 얇은 물체들이라고 생각할 수 있다. 현실에 존재하는 모든 물체들은 아무리 얇은 것이라도 최소한의 두께를 가지고 있지만, 수학적인 2차원 물체는 두께가 전혀 없는 이상적인 종이 같은 것을 생각하는 것이다. 두께가 없는 이상적인 A4 종이를 한 장 생각하면 이는 2차원 물체가 되지만 '경계가 없다'는 성질은 만족하지 못한다. 종이에는 가장자리가 있기 때문이다. 우리가 생각하는 곡면은 종이와는 달리 어디에선가 끊어지지 않고 부드럽게 계속 이어져 있어야 한다.[*]

우리가 정의한 곡면의 가장 간단한 예로는 위 그림에도 있는 구면을 생각해볼 수 있다. 구면이란 공이나 지구본과 같이 둥그런 물체들의 표면을 뜻한다. 현실에서의 공은 종이와 마찬가지로 아무리 얇은 재질로 되어 있더라도 어느 정도의 두께는 가지고 있을 수밖에 없지만, 정말로 두께가 없는 이상적인 공을 생각하는 것도 무리가 없을 것이다.[**] 이 공은 종이와는 달리 가장자리가 없고 부드럽게 이어져 있는 것도 확인할 수 있다. 따라서 우리가 생각하고 있는 이

---

[*] 사실 여기서 경계가 없다는 조건이 그다지 중요하지는 않다. 하지만 경계가 없는 경우가 보기도 좋고 이 글 내면에 깔린 이론을 전개하기 편리하기 때문에 그 조건을 포함하고 이야기하기로 했다.

[**] 수학에서는 편의상 이상적인 물체에 대한 이론을 전개하는 경우가 많지만 대부분 상황에서는 실제 물건에 대한 정보를 내포하고 있다. 가령 두께가 전혀 없는 2차원 물체의 이론은 항상 아주 얇은 실제 물건의 성질에 거의 그대로 적용이 가능하다. 대표적인 예로 최근에 거론이 많이 된 그래핀 같은 소재는 이차원 구조로 모델링하는 것이 보통이다.

상적인 공의 표면, 즉 구면이 곡면의 한 예가 됨을 알 수 있다. 또 다른 곡면의 예로는 토러스(Torus)라 불리는 구멍이 하나 뚫린 이상적인 도넛의 표면이 있다.

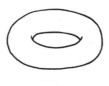

토러스

구멍이 하나 뚫린 도넛의 표면이 있다면 또한 구멍이 두 개, 세 개, 여러 개 뚫린 '도넛'도 생각할 수 있을 것이다. 이들의 표면도 모두 곡면이다. 이렇듯 곡면에 뚫린 구멍의 개수를 종수(Genus)라 한다. 구멍이 한 개 뚫린 보통의 도넛인 토러스는 종수가 1인 곡면이라 하고, 구멍이 두 개면 종수가 2, 구멍이 세 개면 종수가 3인 곡면이라고 한다.

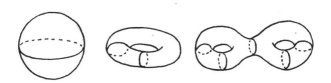

앞서 등장한 다양한 곡면의 예시. 왼쪽부터 차례대로 종수가 0, 1, 2이다.

우리가 곡면을 생각할 때 이 맥락에서 중요한 사실이 있다. 앞서 이상적인 공이나 이상적인 도넛의 표면을 생각했을 때 공(이나 도넛)의 크기가 얼마라든지, 탁구공처럼 완전히 둥근 공을 뜻하는 것인지 럭비공처럼 한쪽 부분이 튀어나와 있는 공을 생각할 수도 있는 것인지에 관해서는 아무 이야기도 하지 않았다. 이런 이야기들을 하지 않은 이유는 이런 세부적인 사항들을 무시하고 다 같은 곡면으로 간주하는 것이 때로는 편리하기 때문이다. 세부사항을 무시한 곡면의 분류학은 **위상수학**(Topology)라고 부르는 분야에 들어가고, 그런 관점에서 들여다본 물체를 **위상공간**(Topological Space)이라 부른다. 다르게 표현하자면 세부적인 면을 무시했을 때 기본적으로 같은 모양을 갖춘 물체 두 개는 '위상적으로 같다', 혹은 '**위상동형**(Homeomorphic)이다'라고 한다. 두 위상공간이 위상동형이라면 모든 위상수학적인 성질들이 두 공간에서 모두 같아지게 된다. 물론 이런 복잡한 용어들이 생소하고 어렵게 들린다면 그저 직관적으로, 두 공간이 위상동형이라는 것은 주어진 도형을 자르거나 구멍을 뚫는 등 '훼손'하지 않고 유연하게 구부리고 늘려 이루어지는 변환을 통해 두 공간이 연관되어 있다고 이해하면 된다.

만일 우리가 크기가 작은 공을 하나 가지고 있다면 그 공의 표면의 모든 점에서 공을 '부드럽게 늘려' 더 큰 공을 만들어낼 수 있다. 마찬가지로 완전한 구형인 공이 있다면 '부드럽게 찌그러트려' 럭비공과 같은 공을 만들어낼 수도 있다. 이는 우리의 논의에 있어 공의 크기나 찌그러짐 등은 아무런 상관이 없게 됨을 뜻한다. 여러 공들이 모두 위상동형이므로 같은 위상수학적 성질을 갖게 되기 때문이다. "위상수학자는 도넛과 머그잔을 구분할 수 없다"는 수학자들 사이에서 회자되는 농담은 도넛의 표면과 머그잔의 표면이 위상동형이란 사실로부터 나온다.

도넛의 표면을 부드럽게 변형시켜 머그잔의 표면으로 만들 수 있다!

위상수학이 중요한 이유는 물건의 모양에 대한 원초적인 직관과 대응이 잘 되는 면도 있지만 사실은 우리가 살고 있는 실제 세상의 정보를 처리하는 과정에서도 물체의 위상이 핵심적으로 적용되기 때문이다. 가령 글씨를 쓸 때 대부분 사람의 필체는 다르고 기계를 이용해서 인쇄를 해도 여러 서체가 가능하다. 그럼에도 우리가 글자를 알아볼 수 있는 이유는 무엇인가? 같은 글자, 그러니까 'ㄱ', 'ㅁ', 'ㅏ', 'ㅐ' 등을 상당히 다르게 쓸 때에도 위상은 같게 유지한다는 것이 올바른 인지과정의 중요한 부분임은 틀림없다. 그 이외에도 우리의 인지능력이 위상수학적인 분류학에 의존하는 경우는 꽤 장히 많다.

곡면들 사이의 연산을 정의하기에 앞서 곡면을 좀 다른 방식으로 바라볼 수 있는 방법을 하나 소개한다. 우선 구멍이 하나 뚫린 도넛의 표면, 토러스를 생각하자. 이러한 토러스를 어떻게 만들어낼 수 있을지 한 번 생각해 보자. 한 가지 방법은 우리가 잘 알고 있는 위상공간으로부터 출발하여 연속적인 과정을 통해 만들어나가는 것이다. 먼저 아래와 같은 정사각형의 고무판을 하나 생각하자. 이 고무판이 토러스를 만들어 내는 데 기본 재료가 되는 것이다. 따라서 두께가 없는 이상적인 판이라고 상상해보자.

두께가 없는 이상적인 고무판

고무판에는 경계가 있어서 곡면이 되지 못한다고 했었는데, 이제 고무의 경계들을 붙여서 경계면이 없는 곡면을 만든다. 붙이는 방법은 가장 단순한 방식인데, 마주보는 경계들끼리 서로 붙이면 된다. 먼저 아래 그림에서 a로 표시된 마주보고 있는 왼쪽 경계와 오른쪽 경계를 서로 붙인다. 이때 그림에서 표시된 화살표의 방향이 중요한 역할을 하는데, 화살표는 해당되는 경계들을 붙일 때 화살표 방향대로 붙여야 한다는 것을 뜻한다. 이렇게 a 경계를 붙이고 나면 원통 모양의 '곡면'을 얻게 된다.

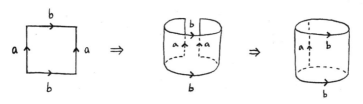

경계 a를 서로 붙여 원통 모양의 '곡면'을 얻는다

곡면에 따옴표(' ')를 했음에 유의하자. 이 단계에서는 아직 b로 표시된 경계가 그대로 남아 있기 때문에 우리가 애초에 정의했던 곡면과는 차이가 있다. 다음 단계가 무엇일지는 독자들도 눈치를 챘을 것이다. 남아 있는 b 경계를 마찬가지로 화살표를 따라 붙인다. 결과적으로 우리는 앞의 그림에서 보았던 것과 같은 토러스를 얻게 된다.

경계 b도 마주 붙여 토러스를 얻는다

토러스를 공부할 때 우리가 잘 알고 있는 정사각형 고무판을 이용하는 것은 마치 우리가 모르는 곳을 여행하면서 지도를 들고 가는 것과 같다. 우리가 지구 표면이 아니라 토러스의 표면 위에서 살고 있다고 가정해보자. 그렇다면 우리가 살고 있는 세계에 대한 정보는 위의 판과 같은 지도로 표현될 것이다. 단지 위쪽으로 계속 가서 지도의 경계를 벗어나면 아래쪽으로 나오게 되고, 오른쪽으로 계속 가서 경계를 벗어난다면 왼쪽으로 나오게 된다는 사실만 유의하면 된다.

마찬가지로, 구멍의 개수인 종수가 2, 3 등인 곡면의 경우에도 위와 같은 지도를 생각할 수 있다. 한 가지 예를 더 들어 보자. 아래와 같은 '지도'가 주어져 있다고 하자.

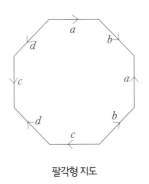

팔각형 지도

이는 어떤 곡면이 될까? 이 경우 앞에서 살펴 본 토러스처럼 명확하게 머릿속에서 그림이 그려지지는 않는다. 그러면 어떻게 이 곡면을 파악할 수 있을까? 때로는 이런 문제에 직면하였을 때 일시적으로 문제를 좀 더 어렵게 만드는 것이 결과적으로 쉬운 답을 주는 경우가 있다.

한 순간의 전술로서 문제를 어렵게 만들어 전체적으로는 어렵지 않게 해답을 찾아내는 것의 가장 유명한 예로는 위대한 수학자 가우스(Carl Friedrich Gauss, 1777~1855)의 어린 시절 이야기가 있다. 어린 가우스가 다니던 학교의 어느 선생님이 말도 안 듣는 시끄러운 천둥벌거숭이 소년들에게 지쳐버렸는지, 학생들에게 가만히 앉아 1부터 100까지 더하라는 문제를 주고 쉬고 있었다. 이 문제를 풀기 위해 학생들이 모두 조용히 계산에 열중하고 있었는데, 어린 가우스는 혼자서 순식간에 문제를 풀어버렸다는 이야기이다.

단순히 가우스의 계산 능력이 뛰어나 1부터 100까지 순서대로 빨리 더한 것이 아니다. 가우스는 $1+2+\cdots+100$을 $100+99+\cdots+1$로도 생각하여 문제를 '일시적으로 어렵게' 만든 뒤, 이 두 식을 나란히 놓고 세로로 더했을 때 각 항의 합이 모두 101이 되는 것을 발견하였다. 즉 식으로 표현하면 아래와 같이 나타낼 수 있다.

$$
\begin{array}{r}
1+\ \ 2+\ \ 3+\cdots+\ \ 99+100 \\
+\ \ 100+\ 99+\ 98+\cdots+\ \ 2+\ \ 1 \\
\hline
101+101+101+\cdots+101+101
\end{array}
$$

따라서 1부터 100까지 차례로 더하는 작업은, 한번 더하는 것보다 두 번 더하는 것이 더 쉬운 것이다! 그러므로 원래 덧셈의 답은 101×100÷2=5050이 된다. 어려워 보이는 문제를 일시적으로 더 어렵게 만든 것이 쉬운 답을 이끌어내는 실마리가 된 것이다.

다시 우리의 팔각형 지도를 갖는 곡면으로 돌아가자. 이번에는 지도의 꼭짓점들이 어떻게 서로 붙게 되는지 알기 위해 꼭짓점들을 A부터 H까지 이름을 붙인다. 우리는 이 지도를 일시적으로 두 개로 만들어 어렵게 만든 뒤, 다시 붙여봄으로써 우리의 곡면이 어떤 모양인지 전체적인 모습을 살펴볼 것이다. 아래에 우리의 팔각형 지도를 다시 가지고 온 뒤, 점선을 따라 잘라서 두 개의 지도를 만들어 보자.

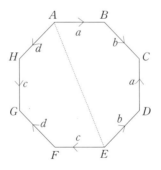

점 A와 점 H를 잇는 대각선을 따라 팔각형의 지도를 잘라낸다

두 개로 나뉘어진 지도 중, 오각형 ABCDE를 생각해보자. 화살

표 a에 의해 꼭짓점 A는 꼭짓점 D와 맞붙고, 화살표 b에 의해 이 꼭짓점은 다시 꼭짓점 C와 붙게 된다. 마찬가지로 다시 한 번 화살표 a와 b를 따라가면 모든 꼭짓점 A, B, C, D, E가 곡면에서는 한 점으로 붙게 되는 것을 확인할 수 있다.

특히, 꼭짓점 A와 E가 붙어 있는 것을 생각하면, 이 지도 조각은 아래와 같은 모양으로 그릴 수 있다는 것을 확인할 수 있다.

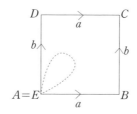

점 A와 E를 맞붙힌 지도

나머지 변들을 서로 붙여본다면, 우리는 아까 살펴보았던 토러스를 얻게 된다. 점선으로 표시된 부분만큼 토러스에서 떼어낸 것이므로, 오각형 ABCDE로 얻어지는 '곡면'은 일반적인 토러스에서 원판을 떼어낸 것이라고 생각할 수 있다. 이제 이러한 오각형들이 두 개 생기고, 점선 부분은 서로 붙여야 하는 것이므로, 다음과 같은 그림을 얻는다.

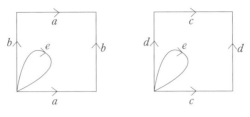

팔각형 지도를 분리한 그림

다시 말해, 두 토러스에서 모두 원판을 떼어내고, 다시 그 잘라낸 원을 따라 서로 붙인 곡면이 바로 처음에 주어졌던 팔각형 지도에 해당하는 곡면이다. 이는 구멍이 두 개인, 즉 종수가 2인 곡면이다.

종수 2인 곡면

이 작업을 하다보면 아래에 더 자세히 기술할 곡면에서의 연산에 대한 착안이 생긴다. 곡면 두 개가 주어져 있을 때, 각각의 곡면에서 원판을 떼어내고 서로 붙이는 작업은 토러스뿐 아니라 다른 곡면에 대해서도 모두 가능하기 때문이다.

이 연산은 **연속합**(Connected Sum)이라 불리는 연산이며, 두 곡

면을 A과 B로 나타내었을 때, 연속합을 통해 얻어진 새로운 곡면을
기호로는 A#B라 쓴다.

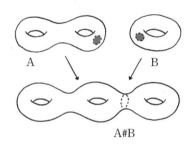

A#B

두 곡면의 연속합

이제 이러한 곡면들을 모두 모아놓은 집합을 생각해보자. 이 집
합의 임의의 두 원소를 주었을 때, 세 번째 원소를 찾아내는 일련의
자연스러운 과정이 주어진 것이므로, 우리는 이러한 과정을 연산으
로 생각할 수 있다.

이 연산에 대한 직관을 키우기 위해서 간단한 성질 몇 개를 살펴
보자. 일반적인 수들의 더하기 연산이나 앞서 살펴보았던 직선에서
두 점을 더하는 연산을 생각해보면, 항상 0이라고 불리는 원소가 존
재하는 것을 확인할 수 있다. 0은 원소들 가운데서 무척 특이한 성
질을 가지고 있는 원소인데, 어떤 임의의 원소를 가지고 와서 0과
연산을 하더라도 그 결과는 항상 원래의 원소가 나온다. 수들의 더

하기에서는 아무런 수 x를 골라 오더라도 $x+0=0+x=x$가 되며, 직선의 더하기에서도 어떤 점을 골라 미리 약속해둔 0점과 더하면 본래의 점이 다시 나오게 되는 것을 알 수 있다. 이러한 성질을 갖는 원소를 우리는 일반적으로 **덧셈에 대한 항등원**이라 부른다.

그렇다면 실제로 0의 역할을 하고 있는 곡면이 있을까? 구면을 생각해보자. 구면에서 원판을 떼어낸 것을 생각해보면, 이는 실제로 다시 원판과 '위상동형'인, 즉 원판과 위상수학적으로 '같은' 것이 됨을 알 수 있다. 따라서 어떤 임의의 곡면을 가져와 구면과 연속합 연산을 하는 것은 단순히 그 곡면에서 원판을 떼냈다가 다시 원판을 붙이는 것에 해당하므로, 아무 변화 없이 본래의 곡면이 되는 것을 확인할 수 있다. 다시 말해 구면이 연속합 연산에서의 항등원 역할을 하고 있다.

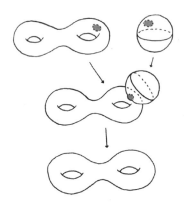

구면과 다른 곡면의 연속합

여기서 그림으로 나타내기 쉽지 않지만, 확인할 수 있는 또 하나의 사실은 결합법칙, 즉, 곡면 세 개 A, B, C가 주어졌을 때 A와 B를 먼저 붙이고 그 결과에다가 C를 붙이나, B와 C를 먼저 붙이고 그 결과에다가 A를 붙이나 결국 생기는 곡면은 위상적으로 같다는 것이다. 이를 수식으로 표현하자면, 다음과 같다.

$$(A\#B)\#C = A\#(B\#C)$$

이 등식은 직관적으로 잘 와 닿지 않을 수도 있다. 따라서 곡면에 대한 간단한 정리를 (증명 없이) 하나 소개할까 한다.

정리1. 곡면의 위상은 종수에 의해서 결정된다.

그러니까 곡면 X와 Y가 위상적으로 같음을 확인하려면 양쪽의 종수가 같다는 것만 보면 된다는 것이다. 그런데 쉽게 알 수 있는 사실은 곡면 두 개의 연속합을 하면 종수도 역시 더해진다는 사실이다. 따라서 곡면연산의 결합법칙은 자연수의 결합법칙으로 부터 따르는 것이다. 즉 A, B, C의 종수를 a, b, c라 했을 때 (A\#B)의 종수는 $a+b$, (B\#C)의 종수는 $b+c$이므로 위상공간일 때 이것의 등식 (A\#B)\#C=A\#(B\#C)는 자연수 결합법칙 $(a+b)+c = a+(b+c)$로 부터 따른다는 것이다.

우리가 위에서 공부한 곡면 연산이 어떤 의미로든 자연수 연산을 내포하고 있음을 나타내는 공간 등식이다.

타원곡선의 정수해를 찾는 방법

다음으로 우리가 살펴볼 연산은 타원곡선(Elliptic Curve)의 연산이다. 먼저 타원곡선이 무엇인지 알아보자. 타원곡선 $E_{a,b}$는 어떤 정수 a, b에 대해

$$y^2 = x^3 + ax + b$$

위 방정식을 만족하는 점 (x, y)들의 집합에, 원점이라 불리는 한 점 O를 추가한 집합이다.* 이러한 점들을 xy평면 상에 찍어 보면 아래와 같은 부드러운 곡선들이 나오게 된다. 단, 만일 계수 a와 b가 식 $4a^3 + 27b^2 = 0$을 만족하는 수였다면 (대표적으로 $a = b = 0$이 있다) 이러한 a와 b로 만들어지는 곡선 $E_{a,b}$에는 부드럽지 않고 뾰족하거나 교차하는 점이 나타나게 되고, 이 경우에는 타원곡선이라 부르지 않는다. 아래의 그림은 적당한 a와 b 값들에 의해 정해지는 곡선들

---

* 주의해야 할 점이 하나 있다. 여기서 말하고 있는 원점은 일반적인 의미로 사용되는 xy평면의 원점, 즉 점 $(0, 0)$을 말하는 것이 **아니다.** 타원곡선의 원점은 사영기하학에서 이야기하는 '무한에 있는 점' 중 하나로서, 타원곡선의 연산에서 항등원의 역할을 하는 점이다. 독자들은 단순히 이 점이 평면 위에 위치하지는 않는, 그러나 어디에선가 존재하여 타원곡선의 방정식을 만족하는 점, 정도로 넘어가면 될 것이다.

을 나타낸 것이다.

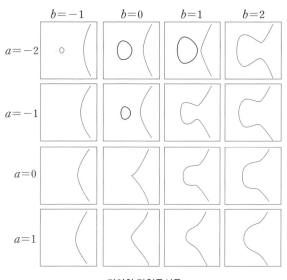

다양한 타원곡선들

위의 그림에서 $a=b=0$인 곡선을 보면 뾰족한 점이 생기는 것을 알 수 있다. 대표적으로 이런 경우 타원곡선이 되지 않는다.

좀 더 구체적인 예를 가지고 생각해보도록 하자. 다음의 계수 $a=0, b=-2$를 갖는, 다음의 타원곡선을 살펴보자.

$$y^2 = x^3 - 2$$

먼저 이 타원곡선의 그림을 그려 보면 아래와 같은 곡선을 얻는다.

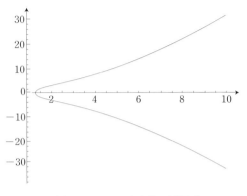

방정식 $y^2 = x^3 - 2$로 정의되는 타원곡선

타원곡선이 주어져 있을 때 수학자들, 특히 수론을 연구하는 학자들은 "이러한 방정식을 만족하는 유리수, 혹은 정수 순서쌍 (x, y)을 찾아낼 수 있을까?"란 질문을 던지고 답을 찾기 위해 노력한다. 물론 위의 그림을 얻기 위해 찍은 점들은 모두 방정식 $y^2 = x^3 - 2$를 만족하는 실수 x, y 값들로 이루어진 순서쌍들이다. 이들은 타원곡선의 실수해라 불린다. 이러한 실수해도 많은 흥미로운 질문거리를 던져주고 있기는 하지만, 수론을 연구하는 학자들은 x와 y의 값이 모두 유리수이거나 정수인 순서쌍 (x, y), 즉 정수해나 유리수해에 가장 큰 관심을 가지고 있다. 수론학자들은 20세기 내내 이러한 유리수해 또는 정수해가 존재하는지, 또 만일 존재한다면 어떻게 체

계적인 방식으로 이러한 점들을 찾아낼 수 있는지에 대한 질문에서 부터 출발하여 질문을 더 예리하게 가다듬고, 부분적인 답을 내놓기도 하면서 연구를 계속하여 왔다. 하지만 완전한 답을 주기에는 아직 인류가 가진 지식과 계산능력이 한참 부족해 보인다.

타원곡선을 정의하는 방정식들과 같이 정수 계수를 갖는 다항 방정식을 서기 3세기 무렵 알렉산드리아의 수학자 디오판토스의 이름을 따 디오판토스 방정식이라고 부른다. 디오판토스 방정식이 주어져 있을 때 그 방정식을 만족하는 유리수, 정수해의 구조에 관한 연구는 디오판토스 이래 수론의 가장 중요한 주제였다. 유명한 페르마의 마지막 정리도 n이 3 이상의 정수일 때, 방정식 $x^n + y^n = z^n$을 만족하는 유리수 순서쌍 (x, y, z)는 자명한 것, 즉 x, y, z중 하나라도 0인 것 외에는 없다는 것이었으며, 페르마가 디오판토스의 저작인 《산술(Arithmetica)》을 보다가 여백에 "이에 대한 놀라운 증명을 발견하였으나 여백이 부족하여 옮기지 않는다"고 써놓았던 사실은 유명하다.

다시 우리의 특별한 타원곡선 $y^2 = x^3 - 2$로 돌아가자. 이 타원곡선은 계수가 특히 간단한 정수로 이루어져 있기 때문에 쉬운 계산으로 유리수 순서쌍들을 몇 개 정도는 찾아낼 수 있다. 적당히 x와 y에 계산하기 쉬운 유리수를 대입해 가면서 방정식을 만족하는 순서쌍들이 있는지 확인해 나가는 가장 단순한 방법을 적용하는 것이다. 먼저 x에 0을 넣으면 $y^2 = -2$여야 하므로 유리수 순서쌍 중에서는 $x=0$인 순서쌍이 없다. 마찬가지로 $x=1$, $x=2$, $x=3$에 대해 각각 해당하는 y값을 찾아보면 순서쌍 $(3, 5)$와 $(3, -5)$를 찾아낼 수 있다. 그러나 이런 방식으로 몇몇 유리수해들을 찾아나가는 방법은 한계가 있다.

유리수 집합이 무한하므로 어느 정도까지 계산해야 모든 가능한 순서쌍들을 찾아냈다고 할 수 있는 것인지 전혀 알 수 없기 때문이다. 정수는 무한히 있으므로 이러한 방식으로 모든 정수해를 찾아내려면 무한히 많은 정수를 x에 대입하면서 계산을 해나가야 한다. 미지수 x에 3 다음 일억 개의 정수를 넣어 계산하여 해당하는 y의 값이 없다는 것을 찾아내었다고 할지라도 일억 두 번째에서 다시 정수해가 나타날 수도 있다! 바꾸어 묻자면 대체 어느 정도까지 인내심을 가지고 계산하면 우리가 이 방정식의 정수해를 '모두 찾았다'고 말할 수 있을까? 한없이 계산하는 소박한 방법으로는 정수/유리수 순서쌍을 모두 찾아내는 데에는 한참 부족하다. 무언가 다른 방법이 필요하다.

다양한 디오판토스 방정식들 가운데서도, $y^2=x^3+ax+b$ (단, $4a^3+27b^2 \neq 0$)의 형태를 갖는 디오판토스 방정식, 즉 타원곡선을 정의하는 디오판토스 방정식들은 특별히 흥미롭다. 이는 타원곡선을 정의하는 방정식들의 유리수해들의 집합이 단순한 점들의 모임이 아니라 연산 구조를 가지고 있기 때문이다.

이를 살펴보기 위해 E를 어떤 타원곡선이라고 하자. 타원곡선 E의 좌표가 모두 유리수인 점들, 즉 유리수해들을 모두 모아 놓은 집합과 원점 O(다시 한 번 강조하지만 이 원점은 좌표평면 상에서 $(0,0)$을 나타내는 '좌표평면의 원점'과는 아무런 상관이 없다. 단순히 이 점을, 타원곡선의 점이지만 좌표평면에는 나타나지 않는 점이라고 생각하자.)를 포함해서 $E(\mathbf{Q})$라 표기하자. 우리는 이 집합 $E(\mathbf{Q})$에 덧셈 연산을 부여하고자 한다. 주어진 타원곡선 E의 유리수 해들의 집합 $E(\mathbf{Q})$에 두 점 P, Q가 주어져 있다고 하자. 우리는 다음 일련의 규칙들에 따라 세 번째 점인 $P+Q$를 정의한다.

규칙1. $P+O=P$이고, $O+Q=Q$로 정의한다.

위의 규칙 1에 따라 이제 우리는 두 점 P, Q가 모두 원점이 아닌 점이라고 가정할 수 있다. 원점이 아닌 타원곡선 위의 점들은 모두 좌표평면 위에 위치시킬 수 있다. 이제 좌표평면 상에 위치한 두 점 P와 Q를 잇는 직선을 생각한다.

규칙2. 만일 P와 Q를 잇는 직선이 수직선, 즉 다시 말해 좌표평면의 y축과 평행인 직선이었다고 하자. 그렇다면 $P+Q=O$으로 둔다. 다음 그림을 참고하자.

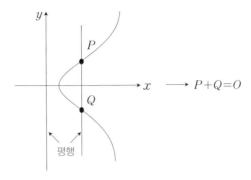

규칙 2 타원곡선의 덧셈

규칙 2를 통해 P와 Q를 잇는 직선이 수직선이 되는 경우를 다루었으니, 이번에는 이 직선이 수직선이 아니라고 하자. 이 경우 직선은 타원곡선과 무조건 세 점에서 만나게 된다. 우리는 직선과 타원곡선이 만나는 세 점 중 두 점을 이미 알고 있다. 애초에 직선이 P와 Q를 이어서 만들어진 직선이므로, 만나는 점들 중에는 무조건 P와 Q가 포함되어 있다. 이제 세 번째로 만나는 점을 R이라고 두자.

규칙 3. 세 번째 점 R의 좌표가 (a, b)로 나타난다고 하면, $P+Q=$ $(a, -b)$로 정의한다. 이 점 $P+Q$는 점 R에서 y축과 평행한 수직선을 그었을 때 수직선과 타원곡선이 만나는 R이 아닌 다른 점이다. 다음 그림을 참고하자.

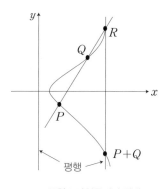

규칙 3 타원곡선의 덧셈

그런데 만일 P와 Q가 같은 점이었다면 어떻게 되는 것일까? 이
경우 "P와 Q를 지나는 직선"은 점 $P=Q$에서의 접선, 즉 점 $P=Q$
를 스치듯 접하고 지나가는 직선을 뜻한다. 접선을 긋고 나서 규칙
2나 규칙 3을 그대로 적용하면 된다.

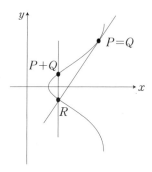

$P=Q$인 경우 타원곡선의 덧셈

이상의 일련 규칙을 통해 타원곡선의 점들 사이의 덧셈을 정의하였다. 무척 복잡한 과정이지만 독자들은 이 과정 전체가 본질적으로 타원곡선의 기하학으로부터 얻어지는 과정이라는 점을 유의하기 바란다.

이러한 연산의 가장 중요한 성질 중 하나는 **유리수점** P와 Q를 연산하여 얻어지는 점 $P+Q$는 항상 유리수점이 된다는 것이다. (원점 O는 언제나 유리수점으로 간주한다) 따라서, 우리가 주어진 타원곡선의 유리수점을 하나 알고 있었다고 한다면, 그 점을 계속해서 자기 자신에 더함으로써 우리는 새로운 유리수점들을 찾아낼 수 있다. 예를 들어 직전에 살펴보았던 방정식 $y^2=x^3-2$로써 정의되는 타원곡선의 경우 주먹구구식 계산을 통해 (3, 5)가 한 유리수 점인 것을 알고 있다. 이제 타원곡선의 덧셈연산을 이 점에 대해 반복해서 적용하면 우리는 새로운 유리수점을 얻게 된다. 컴퓨터의 도움을 받아 이런 식으로 유리수점을 찾아보면 다음과 같다.

$$P \qquad = (3,\ 5)$$

$$2P = P + P \qquad = \left(\frac{129}{100},\ -\frac{383}{1000} \right)$$

$$3P = P + P + P \qquad = \left(\frac{164323}{29241},\ -\frac{66234835}{5000211} \right)$$

$$4P = P + P + P + P = \left(\frac{2340922881}{58675600},\ \frac{113259286337279}{449455096000} \right)$$

위의 표에서 알 수 있는 것처럼, 몇 번의 연산을 통해서도 무척 복잡한 유리수점들을 찾아낼 수 있다. 다음 유리수점을 예로 들어 보자.

$$4P = \left(\frac{2340922881}{58675600}, \frac{113259286337279}{449455096000} \right)$$

이 유리수점은 방정식 $y^2 = x^3 - 2$를 만족하는 점이지만, 타원곡선의 덧셈 연산의 도움 없이 이 점을 막무가내로 찾아내는 것은 불가능에 가깝다.

우리는 타원곡선에 주어진 덧셈연산을 통해 한 유리수점으로부터 많은 유리수점들을 체계적으로 찾아낼 수 있음을 살펴보았다. 그렇다면, 이런 방식으로 모든 유리수점들을 찾아낼 수 있을까? 다시 말해, 몇 개의 유리수점들로부터 출발하여 그들 사이의 덧셈으로 타원곡선의 모든 유리수점을 찾아낼 수 있을까? 이것이 가능하다는 것은 20세기 수론의 가장 중요하고 아름다운 결과 중 하나인 다음 정리가 말해주고 있다. 이 정리는 수학자 모델(Louis Mordell, 1888~1972)이 1922년 처음으로 증명하였으며, 타원곡선을 일반화한 아벨 다양체에 대해 일반적으로 증명한 수학자 베유(André Weil, 1906~1998)의 이름이 함께 붙어 모델-베유 정리라 불린다.

정리 2 (모델 – 베유). 타원곡선 E의 임의의 유리수점은 유한 개의 시작점으로부터 유한 번의 덧셈연산을 통해 모두 얻어질 수 있다.

그러니까 타원곡선이 주어졌을 때 유한 개의 시작 점 (a_1, b_1), (a_2, b_2), ……, (a_n, b_n)을 잘 고르기만 할 수 있으면 이들로부터 시작해서 계속 연산하여 결국 모든 유리수 점이 얻어진다는 것이다.

시작점들을 우리는 생성원(Generator)이라 부른다. 앞서 살펴보았던 곡선 $y^2 = x^3 - 2$의 경우는 생성원이 (3, 5) 하나뿐이다. 그러면, 모델 – 베유 정리는 이 한 점, 그리고 이 점의 역원이 되는 점 (3, -5)를 계속해서 더해나가면 모든 유리수 해를 찾아낼 수 있음을 뜻한다.

그런데 일반적으로는 생성원들을 찾아내는 문제가 불행히도 무척 어려우며, 임의의 타원곡선에 적용할 수 있는 생성원을 찾아내는 알고리즘은 아직까지도 존재하지 않는다. 이 방향으로의 연구는 모델 – 베유 정리 이래 타원곡선을 연구하는 수론학자들의 주된 관심사가 되고 있다.

마지막으로 상당히 어려운 연습문제를 하나 줄까 한다. 지금 까지 각종 연산법칙을 여러 번 언급했다. 타원곡선 연산은 교환법칙을 만족함을 정의로부터 금방 알 수 있다. 그렇다면 결합법칙은 성립할까?

반도체의 원리를 찾아서

이번에 소개할 연산은 현대 정보문명에 필수적인 역할을 하고 있는 연산이다. 컴퓨터를 비롯하여 각종 전자기기에는 특정 기능을 수행하는 전기회로를 하나의 칩에 모아놓은 집적 회로가 들어가게 되는데, 이러한 집적 회로를 만드는 데 필수적인 물질이 반도체라고 불리는 물질이다. 집적 회로의 중요한 기능 중 하나는 전류의 입/출력을 이용하여 데이터를 저장하는 것이다. 집적회로에서 데이터가 저장되는 방식에 대해 좀 더 자세히 살펴보자. 먼저 집적 회로 안에는 전류가 흐르거나 (C 상태) 흐르지 않는 (N 상태) 두 가지의 상태를 가질 수 있는 소자들이 배열되어 있다. 제품이 공장에서 처음 출시되었을 때에는 이 소자들이 모두 C 상태에 놓여 있다.

C	C	C	C	C	C	C	C	C	C	C	C	⋯

공장에서 막 출시된 제품의 소자 상태 배열

즉, 위와 같은 소자들의 배열이 초기 상태이다. 이후 사용자들이 자료를 저장하거나 처리하면서 각 소자들의 상태를 변화시키게 된다. 이때 N이나 C의 상태를 갖는 소자들이 길게 배열되는 방식으로 특정 데이터를 저장하는 것이다. 이를테면, 아래 그림과 같은 상태가 되어 데이터를 저장하게 된다.

어느 정도 제품을 사용한 뒤의 소자 상태 배열

이제 편의를 위해 소자 세 개만으로 이루어진 칩을 생각해보도록 하자. 먼저 이 경우 가능한 상태는 몇 가지일까? 소자가 세 개이므로 위의 그림을 따라 생각해보면 C나 N이 들어갈 수 있는 상자가 세 개 있는 셈이다. 하나의 상자마다 C나 N, 두 가지의 경우가 있을 수 있으므로 전체 가능한 상태의 갯수는 $2 \times 2 \times 2 = 8$개가 된다. 아래 그림은 세 개의 소자가 가질 수 있는 모든 가능한 상태를 나타낸 것이다.

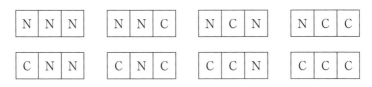

세 개짜리 소자의 모든 가능한 상태 배열

이렇게 다양한 상태의 소자들은 단순히 서로 다른 정보들을 저장하고 있을 뿐만 아니라, 이들 사이에 자연스러운 연산이 존재하여 정보를 효율적으로 처리하는 데 큰 도움을 준다. 따라서 이들 사이의 연산인 덧셈과 곱셈을 정의해보도록 하자. 먼저 덧셈은 간단하게 정의할 수 있는데, 소자가 하나만 있을 때의 덧셈을 먼저 생각하고 이를 이용하여 여러 개의 소자를 가질 때의 덧셈을 정의한다.

$$\begin{array}{ccc}
\boxed{N} & + \boxed{N} & = \boxed{N} \\
\boxed{N} & + \boxed{C} & = \boxed{C} \\
\boxed{C} & + \boxed{N} & = \boxed{C} \\
\boxed{C} & + \boxed{C} & = \boxed{N}
\end{array}$$

반도체 소자 상태의 덧셈

위의 그림이 소자 하나짜리의 덧셈을 나타낸 것이다. 이제, 소자가 여러 개 있는 경우는 어떻게 더할 수 있을까? 짐작한 독자들도 있겠지만, 소자가 여러 개 있을 때에는 각 위치별로 하나짜리의 덧셈을 적용하면 된다. 예를 들어 아래와 같은 더하기를 하려고 한다고 하자.

$$\boxed{N\ N\ C} + \boxed{C\ N\ C} = \boxed{(1)\ (2)\ (3)}$$

소자 상태의 덧셈의 예

위의 그림에서 (1), (2), (3) 자리에 들어갈 상태는 각각 무엇일까? 먼저 (1) 자리를 생각해 보면, 더하려는 상태인 NNC와 CNC의 첫 번째 자리의 상태를 더한 것이 (1)에 들어가도록 해주면 된다. NNC의 첫 번째 자리는 N, CNC의 첫 번째 자리는 C이므로, 위의 덧셈표에 의해 N과 C를 더한 C가 (1)에 들어간다. 마찬가지로, (2)와 (3)에 들어갈 상태를 구해주면 아래와 같다.

$$\boxed{N}\boxed{N}\boxed{C} + \boxed{C}\boxed{N}\boxed{C} = \boxed{C}\boxed{N}\boxed{N}$$

소자 상태의 덧셈의 예

독자들은 지금쯤 이 새롭게 정의한 덧셈이 초등학교에서 배웠던 수의 더하기와 유사한 점이 있음을 알아챘을 것이다. 한 자리 수보다 큰 두 수를 더하기 위해서는 우선 수들을 열에 맞추어 적고 각 자리에서 더하기를 하여야 한다. 반도체 소자들이 있을 때도 이런 비슷한 과정을 통해 더하기를 할 수 있다. 한편, 보통의 숫자 더하기와는 차이가 있는 부분도 있는데, 숫자 더하기에서와는 달리 '자리수 올림'이 존재하지 않는다는 점이 가장 큰 차이점일 것이다. 그렇기 때문에 이런 종류의 반도체 덧셈은 사실 일상적인 수의 덧셈보다 훨씬 쉬움을 금방 파악할 것이다.

한편, 덧셈을 정의하고 나면 자연스럽게 뺄셈도 정의할 수 있다. 뺄셈을 하는 방법은 연산을 거꾸로 생각해보는 것이다. 예를 들어, 상태 NNN에서 상태 CNC를 빼고 싶다고 하자.

$$\boxed{N}\boxed{N}\boxed{N} - \boxed{C}\boxed{N}\boxed{C} = \boxed{X}\boxed{Y}\boxed{Z}$$

소자 상태의 뺄셈의 예

여기에서 NNN에서 CNC를 뺀 것이 XYZ가 된다는 것은 거꾸로 XYZ에 CNC를 더했을 때 NNN이 된다는 것과 같은 이야기이다. 이제 XYZ를 실제로 구해보자. 덧셈을 정의할 때 각 자리마다 따로 더해서 결과를 얻었으므로 이번에도 자리마다 따로 더한다. X에 C를 더한 것이 N이므로 X는 반드시 C가 되어야만 하고, 마찬가지로 Y에 N을 더한 것이 N이므로 Y도 반드시 N이 되어야만 한다. 같은 방법으로 Z도 C가 되어야 하는 것을 알 수 있다. 즉, 다음과 같다.

$$\boxed{N}\,\boxed{N}\,\boxed{N} - \boxed{C}\,\boxed{N}\,\boxed{C} = \boxed{C}\,\boxed{N}\,\boxed{C}$$

소자 상태의 뺄셈의 예

여기서 간단히 생각해볼 문제를 제시하자. 반도체 덧셈과 뺄셈 사이의 관계는 무언가 특별하지 않은가? 독자들은 다양한 소자 상태를 가지고 덧셈과 뺄셈 연산을 해보기 바란다. 다음으로 반도체 소자들 사이의 곱셈은 다음 곱셈표를 이용하여 계산한다.

×	NNN	NNC	NCN	NCC	CNN	CNC	CCN	CCC
NNN	NNN	NNN	NNN	NNN	NNN	NNN	NNN	NNN
NNC	NNN	NNC	NCN	NCC	CNN	CNC	CCN	CCC
NCN	NNN	NCN	CNN	CCN	NCC	NNC	CCC	CNC
NCC	NNN	NCC	CCN	CNC	CCC	CNN	NNC	NCN
CNN	NNN	CNN	NCC	CCC	CCN	NCN	CNC	NNC
CNC	NNN	CNC	NNC	CNN	NCN	CCC	NCC	CCN
CCN	NNN	CCN	CCC	NNC	CNC	NCC	NCN	CNN
CCC	NNN	CCC	CNC	NCN	NNC	CCN	CNN	NCC

어째서 이런 식으로 곱하는지 물론 이해가 가지 않을 것이다. 지금 이것을 설명하기보다는 표를 이용하여 실제로 곱셈을 수행해보자. 두 상태 CNN과 CCC를 곱한다고 하자. 그러면 CNN과 CCC를 먼저 곱셈표 상의 가장 왼쪽 열과 가장 위쪽 행에서 찾은 뒤, 왼쪽에서 찾은 CNN에서부터 오른쪽으로, 위쪽에서 찾은 CCC에서부터 아래쪽으로 짚어 가며 마주치는 곳에 있는 상태를 읽으면 된다. 즉, 아래와 같이 하여 만나는 곳에 위치한 NNC가 CNN과 CCC의 곱이 되는 것이다.

×	⋯	CCC
⋯		⋯ ↓
CNN		→ NNC
⋯		⋯ ⋯

스스로 몇 개 더 곱셈을 해봄으로써 위 표의 이용에 익숙해지기 바란다. 그런데 조금의 관찰로부터 파악할 수 있는 사실이 두 가지 있다. 첫째는 NNC가 곱셈의 항등원 역할을 한다는 것이다. 즉 임의의 상태 x에 대하여 NNC $\times x = x \times$ NNC $= x$가 항상 성립한다. 둘째로 주목할 사실은 NNN $\times x$와 $x \times$ NNN은 항상 NNN을 준다는 것이다. 그런데 앞의 덧셈에 대한 논의에서 NNN이 덧셈의 항등원임을 보았다. 따라서 이 사실은 보통 수의 경우에 $0 \times x$이나 $x \times 0$이 항상 0이 되는 것과 같은 현상이다.

조금더 어려운 성질을 생각하기 위해서 (NCC×CCC)×CNC와 NCC×(CCC×CNC)를 비교해 보자. 즉, 양쪽 모두 곱의 구성 요소는 같지만 어느 두 개를 먼저 곱하는지의 순서만 바꾸었다. 그러면 NCC×CCC=NCN이므로 다음처럼 나타남을 곱셈표를 이용해서 알 수 있다.

$$(NCC \times CCC) \times CNC = NCN \times CNC = NNC$$

한편 CCC×CNC=CCN이고, 따라서 다음과 같다.

$$NCC \times (CCC \times CNC) = NCC \times CCN = NNC$$

우리는 그래서 약간 까다로운 계산을 통해서 다음 등식이 성립함을 확인할 수 있다.

$$(NCC \times CCC) \times CNC = NCC \times (CCC \times CNC)$$

그런데 이미 주어진 연산을 곱셈이라고 부른 이상 당연하지 않은가 하는 느낌도 있을 것이다. 그러나 사실은 거꾸로 곱셈의 자격을 얻기 위해서는 이런 결합법칙을 확인해야 한다는 입장이 더 정당하다. 적어도 위에서 제시했던 것 같은 곱셈표만 가지고는 결합법칙이 성립하는지 곧바로 알 수 있는 방법은 없다. 결합법칙을 확인하는 방법은 일일이 계산을 통해 모든 소자의 상태 X, Y, Z에 대해 등식 $X \times (Y \times Z) = (X \times Y) \times Z$이 성립하는지 확인하는 방법뿐이다. 다행히도 여러분으로 하여금 스스로 확인해보도록 강요하지는 않겠지만, 실제로 결합법칙은 모든 소자들에 상태에 대해 항상 성립한다.

이런 사실은 위의 곱셈표가 상당히 조심스럽게 만들어져 있음을 알려 준다. 만일 곱셈표를 생각 없이 마음대로 작성했다면 결합법칙이 성립할 이유가 전혀 없기 때문이다. 이런 종류의 짜임새 있는 곱셈표를 만드는 데는 일종의 추상대수학이 필요하고 그런 이론은 19세기 수학의 큰 업적 중의 하나였다. 그렇기에 사실 어째서 곱셈을 위와 같이 하는지에 대한 설명을 쉽게 할 수는 없지만 결과적으로 만들어진 덧셈과 곱셈의 구조는 상당히 훌륭한 구조라는 사실은 감지할 수 있기를 바란다.

뺄셈이 덧셈으로부터 자연스럽게 정의되는 것과 마찬가지로, 나눗셈 또한 곱셈의 '거꾸로' 연산으로 정의될 수 있다. 가령 CCN을 CCC로 나누어 보자. 곱셈표로부터 CCC × CNC = CCN임을 확인할 수 있으므로, CCN을 CCC로 나누면 CNC가 된다.

이렇게 하여 우리는 반도체 소자들 사이의 덧셈과 곱셈을 (또한 뺄셈과 나눗셈을) 정의하였다. 그런데, 왜 우리는 두 개의 연산 중 하나를 '덧셈', 하나를 '곱셈'이라고 구분해서 부르는 것일까? 왜 반대로 첫 번째 정의한 연산을 곱셈이라고 하고 두 번째로 정의한 연산을 덧셈이라고 부르지 않는 것일까? 아무렇게나 이름을 붙인 것일까?

수의 덧셈과 곱셈 사이에는 두 연산들을 연결해주는 특별한 규칙이 성립한다. 분배법칙, 혹은 배분법칙이라 부르는 법칙이다. 이는, 어떤 수 a, b, c를 가져오더라도, 다음처럼 된다는 법칙이다.

$$a \times (b+c) = (a \times b) + (a \times c)$$

수식의 형태가 마치 a를 두 수 b와 c에 '분배'해주고 있어 이런 이름이 붙게 되었다. 이 법칙의 성립 여부에 따라 덧셈과 곱셈이 구분된다고 볼 수도 있는데, 이는 위의 분배법칙에서 만일 더하기와 곱하기를 서로 바꾸어 넣는다면 식이 성립하지 않기 때문이다. 수식으로 표현하자면 위의 올바른 형태의 분배법칙은 수들의 연산에서 항상 성립하나, 아래 수식과 같은 형태의 '분배법칙'은 존재하지 않는다.

$$a + (b \times c) = (a+b) \times (a+c)$$

우리가 논의한 반도체 소자들의 연산에서도 위의 수의 연산에서와 같은 분배법칙이 성립한다. 예를 들어, $NCC \times (NNC + CNC) = NCC \times CNN = CCC$이고, $(NCC \times NNC) + (NCC \times CNC)$

＝NCC＋CNN＝CCC가 되어 NCC×(NNC＋CNC)＝(NCC× NNC)＋(NCC×CNC)가 됨을 확인할 수 있다. 수에서의 경우와 마찬가지로 위 식에서 더하기와 곱하기를 바꾸어놓은 '분배법칙'은 성립하지 않는다. 이를 통해서도 덧셈과 곱셈의 이름 붙임이 자연스러운 것임을 확인해볼 수 있다.

반도체에서의 곱셈은 이렇듯 수의 곱셈과 유사한 성질들을 공유하고 있지만, 수의 곱셈과는 색다른 특성을 가지고 있기도 하다. 그중 하나는 순환하는(Cyclic) 특성이라 불리는 것이다. 이는 위에서 0의 역할을 한다고 확인된 NNN을 제외한 나머지 모든 원소가 한 원소의 거듭제곱으로 표현된다는 성질이다.

예를 들어, 원소 NCN이 이런 특수한 원소의 역할을 할 수 있다. 다음을 살펴보자.

$$NCN^1＝NCN$$
$$NCN^2＝NCN×NCN＝CNN$$
$$NCN^3＝NCN×CNN＝NCC$$
$$NCN^4＝NCN×NCC＝CCN$$
$$NCN^5＝NCN×CCN＝CCC$$
$$NCN^6＝NCN×CCC＝CNC$$
$$NCN^7＝NCN×CNC＝NNC$$
$$NCN^8＝NCN×NNC＝NCN$$

흥미롭게도 NCN이란 특정한 상태를 계속해서 거듭제곱하면 NNN을 제외한 모든 상태가 나오고 있음을 알 수 있다. 실제로 반도체 산업에서는 이 성질을 정보들을 저장하는 데 무척 유용하게 사용하고 있다.

앞에서 살펴본 것과 같이 반도체에서의 곱셈은 결합법칙, 분배법칙과 같은 수의 곱셈에서와 유사한 성질을 가지고 있으면서도 순환하는 성질처럼 특이한 성질도 함께 가지고 있다. 그래서 다시 한 번 강조하자면 이를 통해 우리는 위의 곱셈표가 임의로 상태들을 흩뿌려 만들어진 것은 결코 아니며, 곱셈표 이면에는 무언가 정교한 규칙이 숨어 있을 것이라고 추측해볼 수 있다. 위에서는 편의를 위해 소자 세 개짜리의 연산만을 다루었지만, 비슷한 방식의 '곱셈표'가 임의로 주어진 길이를 갖는 소자들 사이에서도 존재함을 증명할 수 있다.

즉, 소자의 개수가 세 개, 네 개, 다섯 개, 하는 식으로 늘어나더라도 적당한 성질을 만족하는 합리적인 연산 체계를 줄 수 있다는 뜻이다. 수학적으로는 앞에서 살펴본 소자 세 개짜리의 연산들처럼 고정된 길이를 갖고 있으면서 상태들 사이의 덧셈과 곱셈이 자연스러운 법칙을 만족하는 방식으로 주어진 상태 전체의 집합을 '유한체'라 부른다.

마침내 드러난 수의 정체

여기서 잠깐 생각을 정리하자. 이번 장에서 우리는 지금까지 곡면들의 연산, 타원곡선의 연산, 반도체의 연산의 세 가지 연산의 예를 거론했다. 그런데 반도체의 경우는 처음 두 예들하고는 조금 성질이 다르다. 반도체 집합에는 연산 두 개를 정의하고 하나는 덧셈, 다른 하나는 곱셈이라고 규정했기 때문이다.

그러면서 보통 수의 연산이 만족하는 분배법칙과 같은 각종 연산법칙을 만족함을 이야기했다.* 1장에서 우리는 '연산할 수 있는 것들이 수'라는 주장을 했었다. 그런데 그 말을 이제 조금 더 정확히 표현하기로 하자.

수 체계란 어떤 집합에 연산 두 개 +와 ×가 주어진 구조를 말한다. 그런데 그 연산들은 다음과 같은 성질을 만족해야 한다.

1. +에 대해서는 항등원이 존재하고, 교환법칙과 결합법칙이 성립한다.
2. ×에 대해서는 항등원이 존재하고, 결합법칙이 성립한다.
3. ×와 + 사이에 분배법칙이 성립한다.

$$(a+b) \times c = a \times c + b \times c$$
$$c \times (a+b) = c \times a + c \times b$$

---

* 물론 다 다루지도 않았고 자세한 증명은 하나도 하지 않았다.

물론 다 좀 복잡하고 추상적인 이야기다. 대강 '더하고 곱할 수 있고, 그 연산들이 자연스러운 성질을 가지고 있으면 수 체계가 주어졌다고 한다'고 생각하면 좋을 것 같다. (그것도 꽤 복잡하다.)

그러니까 '수가 무엇이냐'에 대한 답을 주려고 할 때 어떤 것이 '수'라는 성질이 그 물체 자체에 의해서 정해지는 것이 아니라는 것이다. 앞서 보았듯이 처음에는 수와 아무런 관련도 없어 보이는 곡면이나 곡선, 반도체에도 연산을 줄 수 있었다. 그것보다는 **수 체계를 이루는 자연스러운 집합 속에 들어가는 것이 수**라는 것이 답이다.

따라서 이번 장에서 본 세 가지 예 중에 곡면과 타원곡선상의 점들은 수가 아니고 반도체는 수다.

'수가 무엇이냐'는 질문이 굉장히 어렵다는 주장으로부터 시작해서 이제는 사실 꽤 명료한 답을 주었다. 그런데 수학자들이 이 답에 이르기까지는 수천 년의 역사와 연구가 필요했다. 피타고라스나 아리스토텔레스나 아르키메데스 같은 천재들도 상상 못했을 어려운 개념을 여러분은 문명의 발전 덕택에 한 번에 파악할 수 있다.

1장 마지막에 '수란 무엇인가' 혹은, '중력이 무엇인가'하는 종류의 질문은 대개 잊어버리는 것이 좋다는 식의 주장을 했다. 사실 과학을 일상적으로 사용하는 입장에서는 당연히 그렇다. 그렇다면 어째서 위와 같은 수(혹은 수 체계)의 정의를 할 필요가 있었을까 궁금할 것이다. 그 이유는 수학자의 입장에서는 단지 수를 사용만 하는 것이 관심사의 전부가 아니기 때문이다. 보통사람은 컴퓨터의 사용법을 잘 배우면 되지만 엔지니어는 컴퓨터가 어떻게 구성되어 있는가를 확실하게 파악하고 있지 않으면 보다 혁신적인 기계를 만들 가능성이 없다. 수학자도 주어진 구조를 사용할 뿐만 아니라 우주를 파악하는 데 필요한 새로운 개념적 도구를 항상 개발해야 하는 입장이기 때문에 '수는 무엇인가'의 질문을 훨씬 심각하게 받아들이고 답을 주었어야만 한다. 이제 그 답을 알아낸 독자도 중요한 구조의 발견과 발명에 동참하기 바란다.

작은 알갱이들도 연산할 수 있다

마지막으로 지금껏 본 예들 보다 훨씬 놀라운 연산을 소개하려고 한다. 이번에 살펴볼 연산은 '입자 연산'이라 한다. 만물 사이의 상호작용이 사실은 일종의 연산에 의해서 중재되고 있음을 나타내는 자연의 근본 구조이다. 알다시피 입자란 물리학에서 다루는, 세상의 물질들을 계속해서 쪼개고 나면 얻을 수 있는 작은 알갱이들이다. 앞에서의 예를 통해 살펴본 것처럼 연산은 어떤 주어진 집합에 포함되어 있는 두 원소를 골랐을 때 세 번째 원소를 주는 일련의 체계적인 방법이다. 그렇다면 입자가 연산을 가지고 있다는 것을 어떻게 이해해야 할까? 먼저 입자가 무엇인지 간략히 살펴보는 것으로 시작해보자.

물리학자 리처드 파인만(Richard Feynman)은 "만일 우리가 다음 세대를 위해 단 한 줄의 과학지식밖에 남길 수가 없게 된다면, 마땅히 볼츠만(Boltzmann)의 원자가설을 남겨야 한다"란 말을 남긴 적 있다. 그만큼 이 세상의 복잡 다양한 물질들이 원자라 불리는 백여 개의 기본 원소로 이루어져 있다는 생각이 과학 전반에 끼친 영향이 지대하기 때문일 것이다. 물질들을 계속해서 쪼개 나가다 보면 더 이상 쪼갤 수 없는 기본 단위가 나타난다는 생각을 처음으로 제기한 것은 기원전 460년 무렵 고대 그리스의 데모크리토스(Demokritos)로 알려져 있다. 그는 이 물질의 기본 단위를 더 이상 '분할되지 않는다'는 뜻으로 아토모스(Atomos, 'a'는 부정의 뜻이며 'tomos'는 쪼갠다는 뜻이다)라 이름하였다. 이후 현재까지 쓰이고 있는 원자의 개념과 의미는 다양한 화학 반응에 의해 나뉘지 않는 입자를 상정하려 시도하였던 영국의 화학자 돌턴(John Dalton, 1766~1844)에 의해 확립되었다.* 그러나 이후 물리학의 발전으로 원자 내부에서도 나름의 구조가 발견되며 더 이상 원자를 세상의 물질의 최소 단위로서 생각할 수 없게 되었다.

실제로 물질의 최소 단위인 입자가 어떤 것들이 존재하며, 이들이 어떤 구조와 성질을 가지고 있는지에 대해서 현대 소립자물리학에서 활발히 연구되고 있고, 현재 일반적으로 사용되는 입자 물리의 수학적인 모델은 '표준 모형'(Standard Model)이라고 알려져 있

---

* 사실은 돌턴 이후에도 원자가설이 완전히 받아들여지기까지는 시간이 꽤 걸려서 20세기 초에도 볼츠만 같은 물리학자는 커리어 말기에 원자의 존재를 믿지 않은 마흐(Mach)의 비판을 견디지 못해서 자살하기 까지 했다.

다. 이 지면에서 표준 모형에 대해서 자세히 설명할 수는 없다. 그러나 우리가 흔히 아는 전자가 기본입자 중의 하나이고 빛을 이루는 입자 광자(Photon)가 있다는 것은 많은 사람들이 들어 보았을 것이다. 또 원자핵을 이루는 양성자나 중성자는 표준 모형에서는 더 이상 기본입자가 아니고 각종 쿼크(Quark)로 쪼개진다는 사실과 대부분 입자가 질량이 같고 전하가 반대인 '반입자'를 가지고 있다는 사실은 알아두면 좋다.

표준 모형에 등장하는 다양한 입자들 중 전자와 전자의 반입자인 양진자를 살펴보자. 물리학에서 쌍소멸(Pair Annihilation)이라 불리는 과정이 있다. 이는 전자와 양전자가 서로 충돌하여 없어지며 대신 광자라 불리는 새로운 입자가 생성되는 과정이다. 물리학자 파인만은 이 과정을 다음 그림과 같은 파인만 도형(Feynman Diagram)으로 표시하였다.

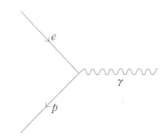

전자와 양전자의 쌍소멸을 나타내는 파인만 도형

위의 파인만 도형에서 e와 p는 각각 전자와 양전자를 나타내며, 이들이 만나 광자 γ가 나타나는 것을 보여준다. 이와 같은 쌍소멸의 과정을 우리는 전자와 양전자의 '곱셈'으로 생각하려고 한다. 즉, 전자와 양전자의 곱셈의 결과 광자가 나타나는 것으로 이해한다.

이 과정 역시 이해하는 데 필요한 물리학적인 배경을 여기서 길게 설명할 수는 없다. 그렇지만 왜 이런 물리적 과정을 곱셈으로 볼 수 있을까 약간의 직관적인 설명을 하고자 한다. 곱셈이 가져야만 하는 여러 성질 중에 여기서는 특히 분배법칙에 치중하려 한다.

앞서 언급했듯이 연산이 하나만 주어져 있을 때는 그 연산이 굳이 곱셈인지 덧셈인지를 구분하는 것이 큰 의미를 갖지는 않는다. 단지 일반적인 수의 연산에서와 같이 연산이 두 개 이상 주어져서 분배법칙이 성립할 때, 분배법칙 속에서의 역할을 살펴보고 덧셈과 곱셈을 결정하게 된다는 이야기를 했었다.

쌍소멸의 연산이 곱셈이 되는 이유는, 입자들의 연산에서 또 다른 연산을 이미 하나 알고 있기 때문이고, 또한 실험적으로 검증된 바에 따르면 두 연산 사이에 분배법칙이 성립하게 되는데 이때 쌍소멸의 연산이 일반적인 수들의 연산에서 마치 곱셈처럼 행동하며 또 다른 연산이 덧셈처럼 행동하기 때문이다. 이러한 또 다른 연산은 중첩 원리(Superposition Principle)라 불리는 양자역학의 중요하고 심오한 이론으로부터 나오는 것이다. 이를 간략히 알아보도록 하자.

여기서 가장 중요한 개념은 물리적학적 계(시스템, System)의 '상태'라는 것이다. 어떤 입자든지 여러 상태에 있는 것이 가능하다. 즉 위치, 속도, 에너지 등이 입자의 상태에 따라서 변하고, 입자들의 상태는 그런 변수들의 값에 의해 결정된다. 아주 많은 입자들의 결합으로 이루어진 우리 자신도 여러 상태가 가능하고 우리의 상태는 물론 우리는 이루는 입자들의 상태에 의해서 결정된다.

이 현상에 대해서 자세히 생각해보면 물체의 정체성이라는 것 자체가 상태의 개념과 밀접한 관계가 있다. 가령 물 분자가 많이 모여 있을 때의 상태에 따라서 얼음이 되기도 하고 액체가 되기도 한다. 사람의 경우도 구성요소들은 대충 다 비슷하지만 배열 상태에 따라서 수학도 김태경이 되기도 하고 피겨스케이터 김연아가 되기도 한다.[*]

그런데 양자역학에서의 가장 놀라운 사실 중에 하나는 어떤 물리적 시스템이든지 간에 상태의 '중첩'이 가능하다는 것이다. 그러니까 시스템이 상태 S를 취할 수 있고 상태 T를 취할 수 있으면, S와 T의 중첩이라 부르는 $S+T$라는 상태가 반드시 존재한다는 것이다. 이런 중첩의 가장 유명한 경우는 소위 '이중 슬릿 실험'에서 나타난다.

---

[*] 이런 말이 이상하게 들리거든 스스로 김태경과 김연아를 어떻게 구별하는지 물어보라. 주로 눈을 이용해서(즉 빛의 산란을 이용해서) 여러 관측을 함으로써 앞에 있는 입자 뭉치의 상태를 분류하고 여러 물리량의 분포에 따라서 어떤 사람인지 파악한다는 것을 이해할 수 있을 것이다.

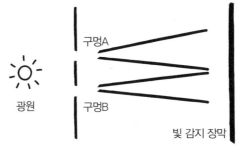

구멍A

광원

구멍B

빛 감지 장막

이중 슬릿 실험

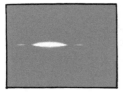
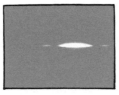
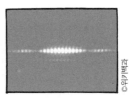

상태 S : 구멍B를 막고
구멍A만을 통하여 장막
에 도착한 빛의 상태

상태 T : 구멍A를 막고
구멍B만을 통하여 장막에
도착한 빛의 상태

상태 S+T : 두 구멍을
모두 열어놓았을 때 장막
에 도착한 빛의 상태

구멍 A를 통해서 벽을 통과한 후 장막에 도착한 빛의 상태가 S이 고 구멍 B를 통해서 벽을 통과한 후 장막에 도착한 빛의 상태가 T이 면 두 구멍을 다 열어 놓고 빛을 쏘았을 때 장막에 도착한 빛의 상태 는 $S+T$가 된다. 일반적으로는 중첩 상태의 물리적인 의미가 해석 하기 어려울 수도 있다. 그러나 어떻게 해석하든 간에 상태의 중첩은 항상 가능하다는 것이 양자 물리의 기본 원리이다.

이를 설명하기 위한 또 하나의 유명한 예시로는 슈뢰딩거의 고양이 사고실험이 있다. 슈뢰딩거의 고양이는 물리학자 에르빈 슈뢰딩거(Erwin Schrödinger, 1887~1961)가 처음으로 제기한 사고실험에 등장하는 고양이다.

슈뢰딩거의 고양이

고전 물리학에서는 고양이는 매 순간 죽어 있거나 살아 있거나 둘 중 하나이며, 이 살아 있거나 죽어 있는 상태들이 한 순간에 겹치거나 합성될 수는 없다. 그러나 양자역학적으로는 죽은 상태와 산 상태의 이상한 중첩이 반드시 가능하다는 사실이 지금도 물리학 개념의 근본에 대해서 생각하기 좋아하는 사람들한테는 상당히 난해한 애로사항이다.

[김태경] + [김연아]

이처럼 또 하나의 해괴한 예를 생각해보자면 '김태경'과 '김연아' 를 중첩한 입자 배열 상태도 가능하다는 이상한 주장이 양자역학의 밑면에 깔려 있다.

그런데 쌍소멸 실험의 경우에, 소멸에 의해서 생성된 광자의 상태는 물론 소멸된 전자와 양자의 상태에 의해서 결정된다. 그러면 우리는 실험실에서 전자의 상태를 바꾸어나갈 때 광자의 상태는 또 어떻게 변하는지 실험해볼 수 있다.

양자의 상태는 p로 놓아두고 전자의 상태만 e_1, e_2 이렇게 바꾸어보자는 것이다. 그러면 생성되는 광자들을 다음과 같이 표시할 수 있다.

$$\gamma_1 = e_1 \times p, \quad \gamma_2 = e_2 \times p$$

여기서의 중요한 질문은 그러면 전자의 상태를 e_1과 e_2의 중첩 $e_1 + e_2$로 놓으면 생성되는 광자의 상태가 무엇이 될 것이냐는 것이다.

거기에 대한 실험적인 답은 γ_1과 γ_2의 중첩 $\gamma_1 + \gamma_2$가 된다는 것이다. 이것을 수식으로 표현하면 다음처럼 된다.

$$(e_1 + e_2) \times p = e_1 \times p + e_2 \times p$$

이와 비슷하게 전자의 상태는 하나로 놓고 양자상태 두 개의 중첩으로 실험을 해도 다음과 같은 사실이 성립한다.

$$e \times (p_1 + p_2) = e \times p_1 + e \times p_2$$

물론 위의 두 등식은 연산 두 개 사이의 분배법칙이다. 중첩 연산과 소멸 연산이 두 개 주어진 상태에서 분배법칙이 실험적으로 위의 꼴을 취하기 때문에 중첩은 덧셈, 그리고 소멸은 곱셈으로 생각하는 것이 자연스럽다.

여기서 똑똑한 독자에게는 많은 궁금한 점이 생겼으리라 믿는다. 가령 어째서 전자와 양자의 쌍소멸만 생각하는지, 왜 전자와 전자, 혹은 전자와 광자를 곱하지는 않는지, 더 나아가서 다른 입자들의 연산도 가능한지 등……

이 역시 직관적인 답만 주자면, 실은 모든 입자 사이의 상호 작용이 일종의 곱셈들로 이루어지는데 우리는 그 전체 그림의 아주 작은 부분에 치중하였다는 것이다.

그런데 일반적으로 상호작용이 소멸로 해석할 수 있는 것은 아니다. 감각적으로 이해하기 쉬운 상호 작용 중 하나가 소멸이기에 그 경우를 설명했을 뿐이고 일반적으로 어떤 종류의 현상들이 가능한지에 대해서는 소위 '표준 모형의 표현론'을 통해서 공부해야 한다. 간략하게 피상적으로만 설명하자면 입자 $a_1, a_2, \cdots\cdots, a_n$의 상호 작

용을 다음처럼 표시하면

$$a_1 \times a_2 \times \cdots\cdots \times a_n$$

결과는 입자들 $b_1, b_2, \cdots\cdots, b_m$의 중첩이 된다.

$$a_1 \times a_2 \times \cdots\cdots \times a_n = \sum_{i=1}^{m} b_i$$

물론 다수의 b_j는 a_i 중 하나하고 같을 수도 있다. 그런데 충분히 정밀한 측정을 하면 중첩상태 $\sum_{i=1}^{m} b_i$는 b_i 중 하나로 몰락해버리고 측정까지 포함해서 하나의 입자가 나타나는 다음과 같은 전체과정 역시 일종의 곱셈으로 이해할 수 있다.

$$a_1, a_2, \cdots, a_n \rightarrow a_1 \times a_2 \times \cdots\cdots \times a_n \rightarrow b_i$$

이 장을 끝내며 재미있으면서도 약간은 충격적인 결론을 내리지 않을 수 없다. 우리는 앞에서 연산, 즉 더하고 곱하고 할 수 있는 것들이 수라는 잠정적인 정의를 내렸었다. 그런데 위 이야기에 의하면 우주를 이루는 모든 입자에 덧셈과 곱셈이 주어졌다고 말했다.

그러면 결국은 모든 입자가 수라는 것이고, 입자로 이루어진 모

든 것, 우리를 포함한 우주만물이 다 수라는 결론이 나오지 않을
수 없다.

모든 것이 수

결국 피타고라스의 격언을 현대 물리의 관점에서 되찾은 셈이다.

3장

과연 화살은
과녁을 맞힐 수 있을까?

아킬레우스와 거북의 유명한 역설

앞의 두 장에서 우리는 수란 단순한 기호에 불과한 숫자가 아님을 살펴보았고 또한 자연수, 정수, 유리수와 같은 통상의 수학 교육과정에서 받아들여지는 '수'보다 더욱 넓은 개념임을 살펴보았다. 그리고 수가 무엇인지의 물음에 대해서 '연산 가능한 것이 수'라는 답을 '자연스러운 덧셈과 곱셈을 할 수 있는 수 체계의 일원이 수'라는 비교적 상세한 답으로 확장하였다. 특히 우리가 살고 있는 세계의 모든 물질은 몇 가지 기본 입자들로 이루어져 있으므로, 20세기 양자물리학으로부터 나온 입자들 사이의 연산이 존재한다는 사실이 "모든 것이 수"라는 피타고라스의 언설을 무척 현대적이고 세련된 방식으로 드러내고 있다고 주장했다.

이번 장에서는 신화와 역설에 대할 고찰로 시작해서 시간과 공간의 구체적인 수학적 언어를 이루는 실수 체계가 어떻게 이루어졌는지에 대한 이야기를 전개하려고 한다. 이번 장의 첫 번째 등장인물/동물은 고대 그리스 신화 속 트로이 전쟁에서 종횡무진 활약한 영웅,

발이 빠른 아킬레우스와 거북이다. 무슨 이야기를 할지 이미 알고 있는 독자들도 많겠지만 혹 모르는 독자들을 위해 오래된 이야기를 하나 풀어놓도록 하자.

　어느 날 발이 빠른 아킬레우스와 거북들 중에선 빠르다고 소문난 거북이 달리기 경주하기로 하였다. 이 용감한 거북은 소문대로 꽤나 빠른 편이었지만, 아킬레우스는 그보다 10배 정도 빨랐다.[*] 하지만 세상 사람들 중에서 발이 빠르기로 소문난 아킬레우스였으므로, 그 둘은 경주를 하되 아킬레우스가 거북보다 10m 뒤에서 출발하기로 하였다. 아킬레우스는 불리한 조건에서 경주를 하게 되었으나 거북보다 훨씬 빠른 자기라면 금방 거북을 따라잡아 추월할 것으로 생각했다. 과연 결과는 아킬레우스의 생각대로였을까?

　하지만, 아킬레우스는 결코 거북을 추월할 수 없다! 왜 그럴까? 다음과 같이 생각해보자. 거북이 아킬레우스보다 10m 앞에서 출발하였고, 아킬레우스가 거북보다 10배 빠르다 하였으므로, 아킬레우스가 거북이 출발한 지점까지 도달하는 동안 거북은 1m를 움직여 앞으로 나아갔다. 다시 아킬레우

---

[*] 실제로 기록된 가장 빠른 거북과 올림픽 남자 100m 금메달리스트이며 세계기록 보유자인 우사인 볼트의 속도비는 생각보다 작은 5배 정도다! 하지만 반인반신인 영웅 아킬레우스인 만큼 10배 정도 차이가 난다고 가정하는 것은 합리적인 듯하다.

스가 거북이 있는 곳까지 도달할 동안, 거북은 1m의 1/10인 10cm만큼 다시 앞으로 나아갔다. 이번에도 아킬레우스가 10cm를 따라잡는 동안 거북은 1cm를 더 나아갔다. 이런 식으로 아킬레우스는 거북을 계속 따라잡으려고 달려가나 아킬레우스가 움직인 시간만큼 거북도 앞으로 나아가고 있으므로 계속해서 거북이 아킬레우스의 앞에 있게 된다!

이 이야기가 있을 수 있는 일일까? 물론 우리는 직관적으로 이야기에 무언가 잘못된 점이 있다는 점을 깨달을 수 있다. 실제 육상 시합에서 뒤에 오던 주자가 앞선 주자를 따라잡아 추월하는 모습은 너무나 익숙한 장면이 아닌가? 뒤에 오던 주자가 전설의 아킬레우스가 아니라도 말이다.

하지만 이 이야기에서 무엇이 잘못되었는지 묻는다면 처음엔 마땅한 대답이 떠오르지 않는다. 실제로 아킬레우스가 아무리 거북을 따라잡으려고 노력해도 그 노력에 드는 시간이 0이거나 음수가 아니라면 아무리 짧은 시간 간격에도 거북 또한 앞으로 나아가고 있으니 말이다.

이처럼 직관적으로 현실에서 전혀 일어날 수 없는 일이라고 생각됨에도 불구하고 이야기의 논리는 맞는 것 같기도 한 알쏭달쏭함 때문에 이러한 종류의 이야기들에는 '역설(Paradox)'이라는 이름이 붙게 되었다.* 위의 이야기를 처음으로 우리에게 들려준 사람은 엘레아의 제논(Zenon of Elea, 기원전 490년경~기원전 430년경)이다. 그의 이름을 따 위의 역설은 '제논의 역설'이라 불리게 되었다. 제논은 소크라테스 이후의 그리스 철학자로 이탈리아 반도 남부에 그리스인들이 건설하였던 식민지 엘레아(현재의 벨리아)에서 태어났으며, 엘레아 학파의 파르메니데스(Parmenides)의 제자로 알려져 있다. 엘레아 학파와 파르메니데스의 주된 사상의 한 갈래는 '운동 불가론'이었는데, 위의 제논의 역설은 모든 운동과 변화가 가능하지 않음을 선명하게 보여주기 위해 고안된 것이다. 재미있는 점은, 제논이 운동 불가론을 증명하기 위해 사용한 방식, 즉 먼저 운동 불가론이 옳지 않다고 가정(아킬레우스와 거북이 경주를 함)하고 논의를 계속 진행하였을 때 모순(아킬레우스가 거북을 영원히 따라잡을 수 없음)을 이끌어내는 방식은 수학자들이 명제를 증명하기 위해 사용하는 가장 중요한 방법 중 하나라는 점이다. 귀류법(歸謬法, Proof by Contradiction, Reductio ad Absurdum)이란 이름을 가지고 있는 이 방법은 위의 역설에서의 논리구조와 같은 방식을 일컫는 말이다. 주어진 명제가 옳음을 증명하기 위해 먼저 주어진 명제가 틀렸음을 가정한 후 논의를 전개하여 모순이 발생함을 확인함으로써 명제가 틀렸다는 최초의 가정이 옳지 않음, 즉, 주어진 명제가 옳은 명제임

---

* '역설'이 무엇인지에 대해서도 철학자들의 의견이 획일적인 것은 전혀 아니다. 그러나 대체로는 합당한 가정 몇 개와 올바른 논리 전개 끝에 모순이 일어나면 역설, 패러독스라고 부른다.

을 이끌어내는 방법이다.

한편 제논의 역설에는 이 아킬레우스와 거북의 이야기 말고도 다른 이야기들도 전해 내려오고 있다. 독자들은 다음 이야기를 아킬레우스와 거북의 이야기와 비교해보면 전혀 다른 소재로 이야기를 풀어내고 있지만 유사한 '구조'를 지니고 있음을 알 수 있을 것이다. 이후의 장에서 깊이 논의하겠지만, 이와 같이 '표면적으로는 다르지만 본질적으로 같은 구조를 지니고 있음'의 특성은 수학 전체에서 무척 중요한 개념을 이루고 있다. 이 개념은 여러 가지 다른 모습으로 수학 곳곳에서 나타나고 있는데 이러한 점에 유의하며 운동의 불가능함을 보여주려고 했던 제논의 의도가 더욱 선명히 드러내는 다음 이야기를 살펴보자.

궁수가 100m 앞에 있는 과녁을 향해 화살을 쏘려고 한다. 궁수는 무척 실력이 있는 사람**이다. 물론 궁수가 화살을 특별한 실수 없이 쏜다면 누구나 화살이 과녁에 맞게 될 것이라고 생각할 수 있을 것이다. 그런데 과연 그럴까?

하지만 궁수로부터 쏘아진 화살은 결코 과녁을 맞힐 수 없다! 궁수를 떠난 화살은 과녁까지의 거리인 100m 중 그 절반인 50m 지점을 통과해야만 한다. 50m 지점에 도달하더라도 화살은 다시 남은 거리인 50m의 절반, 즉 출발점으로

** 아킬레우스의 '아킬레스 건'을 쏘아 맞춘 파리스라고 생각해도 될 것 같다.

부터 75m 지점을 통과해야만 한다. 이런 식으로 과녁까지의 거리가 얼마나 남아 있더라도, 화살은 항상 그 남은 거리의 절반 지점을 통과해야만 하고, 아무리 짧은 시간이라도 화살이 움직이기 위해서는 얼마간의 시간이 필요하다. 절반의 절반의 절반의 절반……과 같은 식으로 화살이 아무리 진행하더라도 계속 절반 지점을 통과해야 하므로 결국 화살이 과녁에 도달하기 위해서는 무한히 많은 시간이 필요하다.

이제 역설의 내용을 좀 더 상세히 분석해보도록 하자. 우선 독자들은 제논의 두 이야기가 현실에서 일어날 수 없는 것임에는 모두 동의할 것이다. 현실에서는 궁수가 쏜 화살은 (궁수의 터무니없는 실수가 없었다면) 과녁에 가서 꽂히게 되며, 아킬레우스는 거북을 금세 추월할 것이다. 현실에서 운동이 불가능하다는 주장은 터무니없는 것처럼 들린다. 실제로 우리는 매일 스스로 움직이고 있으며 주변 사람들이나 사물들의 움직임을 매일 목도하고 있다. 그렇다면 언뜻 읽었을 때 합당해 보이기도 하는 위의 역설 이야기들은 어떻게 된 것일까? 어디가 잘못된 것일까?

제논의 논리를 따라가보자. 궁수와 화살 이야기에서 제논은 화살이 현재의 위치로부터 과녁까지의 거리의 정확히 반을 통과하는 일이 무한히 일어나기 때문에 과녁에 화살이 닿을 수 없다고 논증하고 있다. 여기서 제논이 간과하고 있거나 애써 무시하고 있는 점은

화살이 위치상으로 반을 통과하는 단계가 무한히 많이 지속된다고
해도 이것이 실제로 무한히 많은 시간을 필요로 한다는 것을 아무
런 증명 없이 받아들이고 있다는 점이다. 다시 말해, 무한히 많은 단
계를 지나야 하더라도 반드시 무한히 많은 시간이 필요하지는 않다
는 것, 바로 이 점이 제논의 역설의 허점이다.

　이러한 상황을 좀 더 수학적으로 살펴보도록 하자. 무한히 많은
단계를 거친 결과가 무한하지 않고 유한해지는 예로는 다음과 같은
무한급수를 들 수 있다.

$$\frac{1}{2} + \frac{1}{4} + \frac{1}{8} + \frac{1}{16} + \cdots = 1$$

　위 식은 통상적인 고등학교 교과 과정 수학에 등장하는 '무한등
비급수'의 한 예이다. 여기서 급수(Series)란 어떤 수들의 나열, 즉
수열을 더한 것을 의미하며, 무한등비급수는 항들 사이의 비율이
일정한 수열인 등비수열을 무한히 더한 것임을 의미한다. 즉 위의
급수는 수열 $\frac{1}{2}, \frac{1}{4}, \frac{1}{8}, \cdots\cdots$을 무한히 더한 것을 뜻하는데, 수열의
각 항들 사이의 비율이 모두 $\frac{1}{2}$로 일정하므로 무한등비급수란 이름
을 가지게 된 것이다. 위의 식에서 우변에는 1이라는 값이 주어져
있는데, 이는 좌변의 무한등비급수의 합이 1이라는 유한한 값을 가
지고 있다는 뜻이다. 허물없이 말하자면 좌변의 무한한 더하기를
계속하면 그 답이 무한해지는 것이 아니라 유한한 값인 1이 된다는

뜻이다. 위 식의 증명은 고등학교 과정에서 배우지만 여기에서는 형식적인 증명보다는 직관적으로 등식이 성립함을 정당화해보도록 하겠다.

위 식의 좌변을 보며 수열의 항을 무한히 더해나가는 것을 생각하지 말고 반대로 우변인 1에서부터 출발해보자. 사고를 돕기 위해, 아래 그림과 같이 길이가 1인 막대를 생각하고, 이 막대를 나누어 나간다고 생각하자.

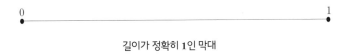

길이가 정확히 1인 막대

이 막대의 반이 정확히 $\frac{1}{2}$일 것이므로, 그 점을 표시하자.

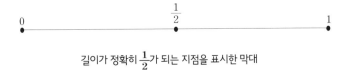

길이가 정확히 $\frac{1}{2}$가 되는 지점을 표시한 막대

이제, 이미 '지나온' 왼쪽 부분은 무시하고, 오른쪽 부분에서부터 계속 반씩 나누어 $\frac{1}{4}$, $\frac{1}{8}$ 등의 점들을 계속해서 표시해 나가면 아래와 같은 그림을 얻는다.

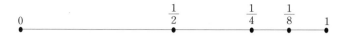

오른쪽으로 가면서 계속 절반 지점을 표시해나간 막대

위 그림을 통해 알 수 있는 것은 1이 $\frac{1}{2}$, $\frac{1}{4}$, $\frac{1}{8}$, ……의 합으로 표현될 수 있다는 뜻이고, 그렇다면 주어진 식이 성립함을 확인할 수 있다.

$$\frac{1}{2}+\frac{1}{4}+\frac{1}{8}+\frac{1}{16}+\cdots=1$$

그런데 잘 생각해보면 위 그림을 통한 식의 증명이 본질적으로는 제논의 궁수 이야기를 도식화한 것이라는 사실을 깨달을 수 있다. 궁수가 쏜 화살이 현재 위치로부터 과녁까지의 절반을 끊임없이 통과하는 과정이 바로 2의 거듭 세곱의 역수들인 $\frac{1}{2}$, $\frac{1}{4}$, $\frac{1}{8}$ 등을 계속해서 더해 나가는 과정에 해당하며, 그 합이 1이라는 유한한 수가 된다는 사실은 실제로 화살이 과녁에 박히기까지 무한한 시간이 필요하지 않음을 나타내주고 있다. 좀 더 자세히 말하자면 물리학에서 직선운동을 하는 어떤 물체가 일정한 속력 v로 주어진 시간 t 동안 이동한 거리 s는 $s=vt$로 표현 가능한데, 따라서 화살을 쏜 다음부터 과녁까지 걸리는 총 시간은 궁수가 서 있는 위치로부터 과녁까지의 거리에 정확히 비례하게 된다. 아무리 화살이 거리의 절반

지점을 끊임없이 통과한다고 하여도 그렇게 이동한 거리의 총합은 궁수와 과녁까지의 거리로 유한한 값을 가지므로, 실제로 무한히 많은 시간이 필요한 것이 아니라 유한한 시간만을 취하게 된다. 제논의 오류는 이렇듯 무한히 많은 수의 합이 당연히 무한한 값을 가자게 될 것이라는 섣부른 추측으로부터 인한 것이었다. 그런데 이를 뒤집어 생각해보면 제논의 의도와는 다르겠지만 그의 진정한 업적은 오히려 처음으로 무한수의 합이 유한할 수 있다는 점을 지적한 것이라고 하겠다.

여기서는 쉬운 개념처럼 설명하고 있지만 역사적으로 무한급수의 이론이 명료하게 이해되기까지는 제논 이후로도 수천 년이 걸렸다. 무한급수를 직관적으로 사용한 것은 적어도 아르키메데스 이후로는 꽤 많았지만 보통 프랑스 수학자 코시(A. L. Cauchy, 1789~1857)에 의해서 19세기에 와서야 이론이 정립됐다고 본다.

특히 조심할 필요가 있는 부분은 수를 무한히 많이 더했을 때 그 합이 유한할 수도 있고 무한할 수도 있기 때문에 경우에 따라서 구분이 필요하다는 것이다. 앞에서 우리는 무한히 많은 수의 합이 유한한 값을 가지는 경우를 살펴보았지만, 무한히 많은 수의 합이 항상 유한한 값으로 존재하는 것은 아니다. 예를 들어 다음 무한급수를 살펴보자.

$$1+1+1+1+\cdots\cdots$$

1부터 출발하여 1을 계속 더해나갈 때 마다 2, 3, 4와 같은 자연수들을 계속해서 거치게 되므로, 주어진 무한급수가 유한한 값의 합을 갖는다면 그 값은 모든 자연수보다 큰 수가 되어야 할 것이다. 실제로 그러한 수가 존재하지 않으므로, 우리는 저 무한급수는 무한히 계속 커진다는 사실을 알 수 있다. 이런 경우 우리는 무한급수가 무한대로 발산한다고 말한다.

$$1 + \frac{1}{2} + \frac{1}{3} + \frac{1}{4} + \cdots\cdots$$

이처럼 그보다 조금 더 어려운 경우로 급수의 값이 유한할 수 없다는 사실이 있다. 이 급수는 지난 장에서 언급한 선율의 화음과의 관계를 생각해서 '조화급수'라는 이름으로 알려져 있다.* 이 급수가 위 경우보다 어려운 이유는 당연하다.

어린이들이 '세상에서 제일 큰 수 찾기' 놀이를 하는 것을 본 적이 있다. 한 친구가 자기 생각에 크다고 생각되는 수를 하나 말하면 다른 친구가 그 수보다 더 큰 수를 찾아내 말하고, 다시 상대방은 그보다 더 큰 수를 말하고, 이렇게 계속 반복되는 놀이이다. 이 책을 읽는 독자들은 다년간의 교육을 통해 자연수에는 끝이 없으며 따라서 이런 '게임'은 승자도 패자도 없이 영원히 끝나지 않는 시시한

---

* 짐작컨대 선율이 진동할 때 생기는 파장의 길이가 원래 선길이의 1/2, 1/3, 1/4……식으로 파생되는 현상을 'Harmonics'라고 부른 데서부터 유래하는 이름인 것 같다.

놀이라고 생각할 것이다. 그런데 한 가지 흥미로운 점은 어린이들이 이 게임을 할 때 그들이 생각하기에 굉장히 큰 수, 예를 들어 억이나 경, 해 등의 큰 수 단위가 등장하고 나서, 똑똑한 한 아이가 앞서 나온 수를 다시 말하고 "더하기 1!"을 외침으로써 항상 더 큰 수를 얻어낼 수 있다는 걸 발견하고 만다는 점이다. 어찌 보면 어린이들의 유치한 놀이지만 이는 수학적으로 무척 중요한 사실을 우리에게 알려주고 있다. '어른'의 언어로 이를 다시 표현하자면, 다음과 같을 것이다. 1을 계속 더하는 과정을 반복하면 임의로 고른 큰 자연수보다 더 큰 수를 얻을 수 있다. 이를 수학에서는 '아르키메데스의 원리'라고 부른다.

따라서 앞의 급수 $1+1+1+\cdots$는 계속 반복해서 더하는 동안 아무리 큰 수보다 더 커지게 됨을 쉽게 짐작할 수 있고, 따라서 금방 그 합은 유한하지 않음을 알 수 있는 것이다. 그러나, 이번 급수 $1+\frac{1}{2}+\frac{1}{3}+\frac{1}{4}+\cdots$는 점점 작아지는 분수 $\frac{1}{n}$을 더해나가고 있다. 그렇다면 아무리 더하기를 계속한다고 하더라도 어떤 일정한 값을 넘지 못하는 상한선이 있을 수도 있지 않은가? 그러나 위 급수를 다음과 같이 배열해보면 합이 무한함을 알 수 있다.

$$\frac{1}{3}+\frac{1}{4}>\frac{1}{4}+\frac{1}{4}=\frac{1}{2};$$

$$\frac{1}{5}+\frac{1}{6}+\frac{1}{7}+\frac{1}{8}>\frac{1}{8}+\frac{1}{8}+\frac{1}{8}+\frac{1}{8}=\frac{4}{8}=\frac{1}{2};$$

$$\frac{1}{9}+\frac{1}{10}+\frac{1}{11}+\frac{1}{12}+\frac{1}{13}+\frac{1}{14}+\frac{1}{15}+\frac{1}{16}$$

$$>\frac{1}{16}+\frac{1}{16}+\frac{1}{16}+\frac{1}{16}+\frac{1}{16}+\frac{1}{16}+\frac{1}{16}+\frac{1}{16}=\frac{8}{16}=\frac{1}{2};$$

따라서 조화급수의 항들이 작아짐에도 불구하고 계속 더해나감에 따라 다음의 식보다 크기 때문에 값이 무한할 수밖에 없다.

$$1+\frac{1}{2}+\frac{1}{2}+\frac{1}{2}+\frac{1}{2}+\cdots$$

신기한 무한급수의 세계

조화급수의 합이 무한함은 14세기에 중세 철학자 니콜 오렘(N. Oresme, 1320~1382)에 의해서 처음 보여졌는데 무한급수이론의 발달의 결정적인 계기가 되었다.

이밖에도 신기한 무한급수의 예를 많이 들 수 있다. 아래의 무한급수들이 주어진 값을 갖는다는 것을 증명하기 위해서는 통상적인 고등학교 교과 과정을 넘어서는 수학적 배경지식이 필요하나, 흥미로운 형태를 가지고 있으므로 예를 들어 둔다.

$$\frac{\pi}{4}=1-\frac{1}{3}+\frac{1}{5}-\frac{1}{7}+\frac{1}{9}-\frac{1}{11}+\cdots$$

$$\frac{\pi^2}{6}=1+\frac{1}{4}+\frac{1}{9}+\frac{1}{16}+\frac{1}{25}+\cdots$$

첫 번째 무한급수는 1, 3, 5, 7, 9, …로 진행하는 홀수 자연수들의 수열에서 각 항의 역수를 취하여 $\frac{1}{1}, \frac{1}{3}, \frac{1}{5}, \frac{1}{7}, \frac{1}{9}$, …과 같은 수열을 만든 뒤, +와 -기호를 교대로 주어 더한 것이다. 또한 두 번째 무한급수는 $1^2=1$, $2^2=4$, $3^2=9$, $4^2=16$, $5^2=25$, …와 같이 진행하는 자연수의 거듭제곱으로 만들어진 수열의 역수를 취하여 더한 것이다. 두 무한급수 모두 자연수로부터 간단한 규칙을 통해 만들어진 수열을 더한 것이나 그 결과값이 기하학적인 원주율 π로 표현되는 값을 갖는다는 점이 무척 흥미롭다.

두 번째 수열의 또 하나 재미있는 점은 수열 $\frac{1}{n}$의 합은 무한하지만 수열 $\frac{1}{n^2}$의 합은 유한할 뿐더러 꽤 작다는 것이다. (π가 약 3.14 정도이므로 $\frac{\pi^2}{6}$은 기껏해야 $\frac{10}{6}=\frac{5}{3}$을 넘지 못한다) 수를 무한히 많이 더한 것이 유한 값을 가지려면 더해나가는 항들이 점점 작아져야 한다는 것도 당연하지만 두 수열의 비교는 이 무한한 더하기가 수렴하기 위해서는 어떤 의미에선가 합을 이루는 수열이 '충분히 빨리' 작아져야 한다는 중요한 사실을 보여준다. 여기서 '충분히 빠르다'는 것의 의미를 체계적으로 정리한 것이 바로 코시의 무한급수 이론이다. 그러니까 수를 무한히 더한 값은 유한할 수도 있고 무한할 수도 있는데 이것을 일관성 있게 공부할 수 있게 해준 것이다. 이 관점에서 보았을 때 제논은 19세기의 엄밀한 무한 급수이론이 화살의 궤적 같은 자연현상과 부합된다는 사실을 이미 몇천 년 전에 가르쳐 주었던 셈이다.

이처럼 여러 무한급수들 중 가장 간단한 형태라 할 수 있는 무한
등비급수에 대한 이야기를 좀 더 하고 넘어가자. 앞서도 잠깐 언급
했지만, 무한등비급수란 등비수열의 각 항을 무한히 더해놓은 것
을 뜻한다. 등비수열은 이웃한 항사이의 비율이 항상 일정한 수열
로서, 그 공통의 비율을 공비라고 부른다. 즉, 처음 항이 a이고 공통
의 비율인 공비가 r이라면 두 번째 항은 ar, 세 번째 항은 ar^2이 되
는 식으로 끝없이 진행하는 수열이다. 이제 이 수열을 통해 만들어
진 급수, 수열의 각 항의 합은 다음과 같은 형태가 된다.

$$a+ar+ar^2+ar^3+\cdots$$

이 합이 유한한 값을 가질 필요충분조건은 r이 -1과 1사이에 있
는 수인 것이다. 다시 말해, 공비 r이 $-1<r<1$의 범위를 벗어나
는 수였다면, 위 급수는 무한히 커지거나(∞로 발산), 무한히 작아지
거나($-\infty$로 발산), 혹은 유한한 하나의 값으로 다가가지 않고 여러
값들을 끝없이 전전하거나(진동)한다. 이제부터는 이러한 이상한 경
우들을 생각하지 말도록 하자. 즉, 처음부터 우리의 공비 r은 -1과
1 사이에 있는 값임을 가정하도록 하자.

이제 위 무한급수는 유한한 값을 가지게 된다. 이 수렴한 유한값
을 S라고 하자. S 값을 실제로 어떻게 구할 수 있을까? 무한급수
에도 보통의 덧셈과 곱셈의 분배법칙이 적용됨을 이용해서 S 앞에

r을 곱해 놓고 원래의 S와 비교해보도록 하자. 이를 식으로 표현하면 다음과 같다.

$$S=a+ar+ar^2+ar^3+\cdots\cdots$$
$$rS=ar+ar^2+ar^3+ar^4+\cdots\cdots$$

이제, $S-rS$를 생각해 보자. S의 표현식에서 두 번째 항부터와 rS의 표현식에서 첫 번째 항부터를 서로 비교해 보면 수열 ar, ar^2, ar^3, $\cdots$의 합이 공통적으로 나타나고 있음을 볼 수 있고, 따라서 뺄셈을 통해 모두 상쇄되어 첫 항의 a만 남는다.

$$S-rS=a$$

마지막으로 위 식을 정리하면, 우리는 무한등비급수의 합에 관한 다음과 같은 공식을 얻는다.

$$S=\frac{a}{1-r}$$

이때, a는 무한등비급수의 첫 번째 항이며 r은 공비로서 -1과 1 사이의 값을 갖는다. 이 계산은 어쩌면 가우스가 보여준 $1+2+3+\cdots\cdots+n$의 합산법과 비슷한 면도 있다. 합이 유한하다는 것만 누군가가 보장해주면 곱셈과 덧셈의 성질을 자연스럽게 이용하여, S의 값만 구하는 것보다 S와 rS를 둘 다 생각하는 것이 합산을 쉽게 해주었기 때문이다.

이것을 이용해서 아킬레우스가 거북을 따라잡는 데 필요한 시간도 계산할 수 있다. 아킬레우스가 10m 달리는 데 필요한 시간이 T초라고 하자. 차근차근 살펴보자. 처음 아킬레우스는 거북의 10m 뒤에서 출발하였으므로 거북의 처음 위치까지 달려오는 데 정확히 T초의 시간이 흐른다. 그러나 거북의 속도는 아킬레우스의 $\frac{1}{10}$이라 하였으므로 아킬레우스가 달려오는 동안 거북은 처음 아킬레우스와 거북이 떨어져 있는 거리인 10m의 정확히 $\frac{1}{10}$만큼 달려가게 되어 있다. 아킬레우스가 10m를 달려오는 데 정확히 T초가 걸렸으므로, 아킬레우스가 다시 거북이 나아간 만큼 따라가는 데에는 (거리가 1/10으로 줄었으므로) $\frac{1}{10}T$초가 걸린다. 이런 식으로 반복하여 생각해 보면, 아킬레우스가 움직여야 하는 총 시간은 다음과 같은 무한급수로 주어지는 것을 알 수 있다.

$$T+\frac{1}{10}T+\left(\frac{1}{10}\right)^{2}T+\left(\frac{1}{10}\right)^{3}T+\left(\frac{1}{10}\right)^{4}T+\cdots\cdots$$

이는 초항이 $a=T$이고 공비가 $r=\frac{1}{10}$인 무한급수이므로, 무한급수의 합 공식에 의해 답이 도출됨을 알 수 있다.

$$\frac{T}{1-\frac{1}{10}}=\frac{10}{9}T$$

따라서 아킬레우스가 거북을 따라잡을 때까지는 $\frac{10}{9}T$초가 걸린다. 수천 년 동안 역설로 간주될 정도로 난해했던 계산치고는 무척 간단하다. '무한히 많은 단계를 진행한 결과가 유한'해지는 제논의 역설은 앞서 살펴본 것처럼 무한등비급수를 비롯한 수학의 무한급수 이론으로 설명이 가능하다. 무한급수 이론은 또한 우리가 일상적으로 사용하는 수 체계인 십진법에도 알게 모르게 숨어 있다.

예를 들어 우리가 987이라는 수를 적으면 우리는 이를 단순히 숫자 9, 8, 7을 순서대로 쓴 것이라고 이해하지 않는다. 통상적으로는 987이라는 수에서 9는 백의 자리 수로서 사실은 900을 뜻하고, 8은 십의 자리 수로서 80을 뜻하며, 7은 일의 자리 수로 7을 뜻한다. 따라서 987이라는 수는 이들의 합인 900+80+7을 의미하게 된다. 숫자와 자리수를 명확히 구분하기 위해 987을 쪼개어 적으면 다음과 같은 식을 얻는다.

$$987=(9\times 100)+(8\times 10)+(7\times 1)$$

이때 우리는 10이라는 수를 한 단위로 해서 10의 거듭제곱인 $10^0=1$, $10^1=10$, $10^2=100$, $10^3=1000$ 등의 수를 자리수로 삼아 수를 적는다. 10의 거듭제곱은 1 뒤에 그 거듭제곱만큼 0이 나오는 수를 의미한다. 몇 가지 예시를 더 살펴보자. 2015년 1월 한국의 주민등록상 총 인구는 51,342,881명이다. 이 51,342,881이란 수를 위에서처럼 분해해보면, 다음처럼 길고 복잡한 식을 얻는다.

$$51,342,881 = (5 \times 10^7) + (1 \times 10^6) + (3 \times 10^5)$$
$$+ (4 \times 10^4) + (2 \times 10^3) + (8 \times 10^2)$$
$$+ (8 \times 10^1) + (1 \times 10^0)$$

이렇게 놓고 보면 간단하고 명료한 '51,342,881'과 같은 통상의 표기법이 무척 좋은 표기법임을 알 수 있다. 또한, 5, 10, 50, 100, 500 등의 주요 수마다 새로운 기호를 도입해서 표기하는 로마식의 숫자 표기법과 비교해보면 우리의 표기법은 아무리 큰 수라도 추가적인 기호의 도입 없이 표기할 수 있는 우수한 방법임에 틀림없다.

우리의 표기법으로는 소수도 표기할 수 있다. 0.7, 1.27과 같이 소수점을 찍어 표기하는 소수는 소수점을 기준으로 왼쪽에 있는 수는 앞서 987과 51,342,881을 표기했던 것처럼 10^0을 포함한 양의 거듭제곱 자리수를 나타내고, 소수점 오른쪽에 있는 수는 10의 음의 거듭제곱 자리수를 나타낸다.

10의 음의 거듭제곱들은 10의 거듭제곱들이 분모에 들어가 있는 형태를 뜻하는 것으로서, 예를 들어 $10^{-1} = \frac{1}{10}$, $10^{-2} = \frac{1}{100}$과 같은 자리수들을 뜻한다.

따라서 0.7이란 수는 다음을 뜻한다.

$$0.7 = 7 \times \frac{1}{10}$$

마찬가지로 1.27은 $1.27 = (1 \times 10^0) + (2 \times 10^{-1}) + (7 \times 10^{-2})$을 뜻하는 것이다.

소수들은 유한소수와 무한소수로 나뉘어진다. 유한소수는 앞서 보았던 0.7이나 1.27과 같이 소수점 아래로 수가 계속 내려가지 않고 유한한 단계에서 끝나는 소수를 뜻한다. 반면 무한소수는 소수점 이후로 숫자들이 끊임없이 나열된 수를 뜻하는데, 그중 가장 간단한 종류의 것들이 일정 패턴의 수들이 계속해서 반복해 등장하는 순환소수이다. 순환소수를 만들어내기는 어렵지 않은데, 유한한 숫자들의 나열을 하나 선택한 후 그것을 계속해서 반복하면 된다. 예를 들어, 우리가 소수점 아래로 9라는 숫자를 계속 반복해 쓴다면 순환소수를 하나 얻게 된다. 그러나 이 수는 0.9, 0.99, 0.999와 같은 유한소수와는 달리 유한한 단계에서 끝나지 않기 때문에, 우리는 이 새로운 수를 0.9̇로 표기한다. 숫자 위에 찍혀 있는 점은 그 숫자가 이후로 계속해서 반복된다는 뜻이다.

$$0.\dot{9} = 0.999999999999999999 \cdots\cdots$$

그런데 여기서 우리는 중요한 질문을 던질 수밖에 없다. 이러한 수가 존재하는 것일까? 그리고 존재한다면 무얼 의미하는 것일까? 우선 이 질문 자체가 잘 이해되지 않는다. 방금까지 표기법을 설명해가며 순환소수가 무엇인지 설명해놓고, 이것이 존재하는지 물어보다니? 그러나 당연하지만 숫자들을 이런저런 새로운 방법으로 나열해 쓴다고 해서 그것이 항상 수가 되지는 않는다.

13과 27의 중첩. 이것도 수라고 할 수 있을까?

위처럼 어느 날 누군가가 13과 27을 겹쳐 써낸 것을 보여주면서, 이것이 새로운 수라고 하면 독자들은 "저게 무슨 뜻인데?" 하고 물어볼 것이다. 표기법 자체가 수는 아니라는 우리의 관점에 비추어보면 무슨 뜻인지를 물어보는 질문은 무척 자연스럽다. 억지로 13과 27을 겹쳐서 새로운 무언가를 만들어 낼 수 있지만, 이것이 수라고 주장하려면 어떤 수인지, 즉 무슨 의미를 가지고 있는 수인지 충분한 설명을 제시하여야만 한다.

이제 $0.\dot{9}$라는 수를 다시 살펴보자. 우리가 유한 소수 0.9를 $9 \times \frac{1}{10}$으로 이해하고, 0.99를 $\left(9 \times \frac{1}{10}\right) + \left(9 \times \frac{1}{100}\right)$로 이해했던 것

을 볼 때 자연스럽게 $0.\dot{9}$는 다음의 형태를 갖는 무한급수임을 알 수 있다.

$$0.\dot{9} = \left(9 \times \frac{1}{10}\right) + \left(9 \times \frac{1}{100}\right) + \left(9 \times \frac{1}{1000}\right) + \left(9 \times \frac{1}{10000}\right) + \cdots$$

$$= \frac{9}{10} + \frac{9}{10^2} + \frac{9}{10^3} + \frac{9}{10^4} + \cdots\cdots$$

그런데 첫 번째 항이 $\frac{9}{10}$이고 항들 사이의 비율이 $\frac{1}{10}$으로 일정하므로 위 무한급수는 무한등비급수가 된다.

무한등비급수의 합 공식을 사용하면, 다음이 됨을 알 수 있다.

$$0.\dot{9} = \frac{\dfrac{9}{10}}{1 - \dfrac{1}{10}} = 1$$

무한소수의 느슨한 표기법을 다시 사용하면 다음처럼 된다는 이야기다.

$$0.9999999999999\cdots = 1$$

때로는 이 등식이 초등학교 수준에서도 똑똑한 아이들을 괴롭힌다고 들었다. 소수점 다음에 9를 계속 쓴다고 해서 값이 1이 된다는 것이 뭔가 모호하게 느껴지기 때문이다. 그럴 수밖에 없는 것은 초등학교에서는 순환소수를 자연스럽게 배우고 사용하면서도 그런 소수가 의미하는 것이 무엇인지 설명하지 않기 때문이다.* 여기서 우리가 밝히고자 한 것은 사실은 순환소수는 무한급수라는 사실이다.

이제 좀 더 일반적으로 단순히 소수점 아래에서 숫자들이 영원히 반복해서 등장하는 순환소수를 넘어, 숫자들이 인식 가능한 패턴을 가지고 있으나 반복되는 순환이 아닌 소수들과, 아예 숫자들이 무작위적으로 출현하는 소수들을 살펴보자.

$$0.12345678910111213141516171819202 1\cdots$$

이러한 우리의 첫 번째 예시를 보고 독자들은 이 소수에서 어떤 패턴이 등장하고 있는지 눈치챘는지? 위 무한소수는 $1, 2, 3, 4, 5, \cdots$ 와 같이 끝없이 진행하는 자연수를 소수점 아래에 모두 나란히 써 낸 것이다. 우선 이러한 소수들에는 이전의 $0.\dot{9}$와 같은 순환 패턴은 없는 것을 확인할 수 있을 것이다. 분명 사람이 인식 가능한 패턴을 가지고 있기는 하나, 하나 또는 여러 개의 숫자 더미가 계속 반복해서 등장하는 패턴은 분명 아니다. 이런 종류의 재미있는 소수는 얼마든지 만들어 낼 수 있다. 다음 예를 살펴보자.

* 그리고 이것을 초등학교에서 설명할 필요도 없다. 그러나 선생님들은 비교적 명료하게 이해하고 있는 것이 좋다.

$$0.2357111317192329313741434753596167717 3\cdots$$

위 소수는 소수(Prime Number)들을 크기가 작은 순서대로 연달아 소수점 아래에 써서 만든 소수(Decimal)이다. 더 일반적으로, 각 $i = 1, 2, 3, \cdots\cdots$에 대해 a_i를 0부터 9까지의 숫자 중 하나라고 정해주자. 즉, $a_1, a_2, a_3, \cdots\cdots$로 계속되는 수열의 각 항이 집합 $\{0, 1, 2, 3, 4, 5, 6, 7, 8, 9\}$의 원소라고 하자. 이때 우리는 수열의 항들을 소수점 아래에 늘어놓음으로써 아래와 같은 무한소수를 하나 얻을 수 있다.

$$0.a_1 a_2 a_3 a_4 a_5 \cdots$$

이런 정도로 일반적인 경우에도 순환소수와 마찬가지로 무한급수의 의미를 부여한다. 즉, 우리는 이러한 일반적인 소수를 다음 무한급수를 의미하는 것으로 생각한다.

$$0.a_1 a_2 a_3 a_4 a_5 \cdots$$
$$= \left(a_1 \times \frac{1}{10}\right) + \left(a_2 \times \frac{1}{100}\right) + \left(a_3 \times \frac{1}{1000}\right)$$
$$+ \left(a_4 \times \frac{1}{10000}\right) + \left(a_5 \times \frac{1}{100000}\right) + \cdots$$

한 가지 구체적인 예로서 앞서 등장한 소수(Prime Number)들로 만들어진 소수(Decimal) 0.235711…을 생각하자. 이 소수는 다음의 무한급수로 해석된다.

$$\left(2 \times \frac{1}{10}\right) + \left(3 \times \frac{1}{100}\right) + \left(5 \times \frac{1}{1000}\right) + \left(7 \times \frac{1}{10000}\right)$$
$$+ \left(1 \times \frac{1}{100000}\right) + \left(1 \times \frac{1}{1000000}\right) + \cdots$$

따라서 이러한 소수들이 존재하는지 묻는 것은 해당되는 무한급 수가 수렴하는지 묻는 것과 같다. 즉 소수 0.235711……가 존재한다는 말은 위의 무한 개의 합이 유한한 값을 갖는다는 것을 뜻한다.

정리3. 각 자연수 $i = 1, 2, 3, \cdots\cdots$에 대해 a_i에 0부터 9까지의 숫자 중 하나를 대응시키자. 그러면 무한급수는 항상 수렴한다.

$$0.a_1 a_2 a_3 a_4 a_5 \cdots$$
$$= \left(a_1 \times \frac{1}{10}\right) + \left(a_2 \times \frac{1}{100}\right) + \left(a_3 \times \frac{1}{1000}\right) + \left(a_4 \times \frac{1}{10000}\right) + \cdots$$

정리라고 표현하긴 했지만, 이것은 증명이 필요한 정리라기보다는 오히려 수학자들의 약속인 '공리'에 가깝다. 정확히 말하자면 이 정리는 우리가 실수(Real Numbers)라고 부르는 수 체계의 완비성

(Completeness) 공리로부터 바로 나오게 되는 정리이다. 이것이 무얼 의미하는 것인지 살펴보도록 하자. 우리는 1장에서 직선 위에 위치한 점들 사이의 덧셈을 어떻게 정의하고 실제로 계산할 수 있는지 살펴보았다. 잠시 이에 대해 복습해 보자.

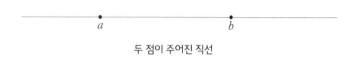

두 점이 주어진 직선

위와 같은 직선이 주어져 있다고 하였을 때 직선 위의 두 점 a와 b의 덧셈을 정의하고자 하였었다. 이 문제에 대한 답은 단순히 직선만 주어져 있는 상태에서는 점들의 덧셈을 정의할 수 없었지만, 원점이라 불리는 점을 하나 고정하고 나면 점들 사이의 덧셈이 가능하다는 것이었다. 자세히 말하자면, 아래 그림과 같이 원점을 고정하고 난 후 b로부터 출발하여 원점에서 a까지의 거리만큼 더 진행한 점을 바로 $a+b$로 정의할 수 있었다.

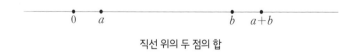

직선 위의 두 점의 합

이런 방식으로 또한 점들 사이의 뺄셈도 정의할 수 있었는데, 예를 들어 c라는 점에서 d라는 점을 뺀다는 것은 아래와 같은 과정에 의해 정의하였다.

- 원점과 d점 사이의 거리만큼 원점에서 반대 방향으로 진행하여 $-d$로 부를 수 있는 점을 찾는다.
- 점 c에 방금 찾은 $-d$점을 더하여, 점 $c-d$를 찾는다.

단순히 직선 위에 원점을 하나 찍어줌으로써 우리는 직선 위의 모든 점을 수로 간주할 수 있게 되었다.

한편 점들 사이의 곱셈과 나눗셈을 하기 위해서는 원점만으로는 부족하고 단위가 될 수 있는 점이 하나 더 필요하였다. 그 점을 1로 나타낼 수 있다.

0과 1이 주어진 직선

직선 위에 점 0과 점 1이 생기고 나면, 이제 모든 정수들이 직선 위에 찍히게 됨을 알 수 있다. 우선 1로부터 출발하여 계속해서 1씩 더해주면서 2, 3, 4, … 등의 점들을 찍어낼 수 있고, 원점에서 왼쪽 방향으로 1만큼 진행한 점을 -1로 두는 것이 합당할 것이고, 또 -1을 계속 더하여서 $-2, -3, -4, \cdots\cdots$ 등의 수를 얻을 수 있다. 이렇게 하여 얻어지는 수를 정수라고 하고, 기호로는 굵은 글씨체의 **Z**를 사용하여 표기한다.

$$\mathbf{Z} = \{ \cdots, \ -3, \ -2, \ -1, \ 0, \ 1, \ 2, \ 3, \ \cdots \}$$

이들을 직선에 표시하면 아래와 같다.

정수점들이 찍힌 직선

여기에 더하여 임의의 두 정수를 분수꼴로 써서 나타낼 수 있는 수들도 모두 직선상에 표기할 수 있다. 두 정수의 비율로 나타내어지는 수를 유리수(Rational Number)라 하고, 기호로는 굵은 글씨의 **Q**로 쓴다. 기호를 써서 표현하자면 유리수는 다음과 같이 정의되는 집합의 원소이다.

$$\mathbf{Q} = \left\{ \frac{a}{b} \,\middle|\, a, \ b \in \mathbf{Z}, \ b \neq 0 \right\}$$

비록 수많은 유리수를 실제로 직선상에 모두 찍을 수는 없지만 모두 찍어놓았다고 상상해보면, 앞서 0을 기준으로 띄엄띄엄 정수가 찍혀 있던 것과 비교해보았을 때 훨씬 촘촘하게 점들이 찍혀 있을 것이다. 그러나 유리수만 가지고는 직선을 모두 채울 수가 없다. 직선 위에 위치한 모든 점들을 수 체계 안으로 받아들이기 위해서는 유리수를 한 번 더 확장하여 더 큰 수 체계를 생각하여야만 한다.

실수(Real Number)란 이러한 확장의 결과로서 직선 상의 점들을 수에 전부 대응시켜 얻어지는 수 체계이다. 이러한 관점에서 실수의 가장 중요한 특성은 완비성(Completeness)라 불리는 성질인데, 바로 모든 실수를 직선상에 위치해 놓는다고 하였을 때 비어 있는 곳이 전혀 없이 완벽히 촘촘하게 실수가 직선을 덮어버린다는 성질이다.

실수의 존재와 실수의 완비성이 고전 물리학적 관점에서 제공해주는 가장 중요한 시사점은, 완비성이 우리가 매일 경험하는 외부 세계의 모습을 수학적 세계 안에서 사고할 수 있도록 해준다는 점이다. 예를 들어 살펴보자. 아마도 우리가 살고 있는 세계 안에서 직선을 가장 닮은 물리적 대상은 아마도 시간의 흐름일 것이다. 실수의 완비성은 여기에서 시간 그 자체를 실수로서 생각할 수 있는 도구를 제공한다. 우리가 느끼기에 이 세상에서 시간은 과거로부터 미래로 끊임없이 연속적으로 흘러가고 있다. 정수, 또는 유리수만 가지고는 직선상에 비어 있는 부분, 구멍들이 생겨나기 때문에 우리가 느끼는 시간을 표현하기에 적절치 않다. 우리가 시간의 흐름을 느낄 때 결코 시간이 띄엄띄엄 흘러가거나 시간의 흐름에 불연속적인 끊김이 발생한다고 느끼지 않기 때문이다. 또 다른 예로서 이 장의 첫 부분에서 다루었던 제논의 역설에 등장하는 화살의 궤적을 생각해볼 수 있다. 궁수가 화살을 쏘아 과녁에 맞기까지의 화살의 궤적을 생각해보면 약간의 휘어짐을 무시하면 직선을 이루고 있는 것을 알 수 있다. 우리가 느끼기에 화살은 연속적으로 궤적을 따라 가서 과녁에 맞는 것이지, 중간 중간 순간적으로 사라졌다가 다음 순간 조금 앞에서 다시 나타나는 것이 아니다. 실수의 완비성에 의해 이러한 궤적을 이루는 직선의 모든 점들이 수에 대응되었으므로, 우리는 이제 임의의 시각에서 화살촉의 위치를 수로 정확히 표현할 수 있게 된 것이다.

직선이 실수에 의해 온전히 표현되는 것처럼 이제는 1차원 대상인 직선 외에도 2차원의 평면, 3차원의 공간 등도 실수를 여러 개 사용하여 표현할 수 있다. 다음 장에서는 평면에서의 연산을 다루는데 이를 위해 실수를 포함하는 더 큰 수 체계를 생각해볼 것이다. 이 장을 끝내면서 앞의 정리의 증명에 대해서 몇 마디만 하고자 한다.

무한소수가 아래와 같이 주어져 있다고 하자.

$$0.a_1a_2a_3a_4a_5a_6 \cdots$$

무한소수

논의했던 것처럼 이 무한소수는 다음과 같은 무한급수를 의미한다.

$$\left(a_1 \times \frac{1}{10}\right) + \left(a_2 \times \frac{1}{100}\right) + \left(a_3 \times \frac{1}{1000}\right) + \left(a_4 \times \frac{1}{10000}\right) + \cdots\cdots$$

무한급수

이를 분석해보자. 이 무한소수는 다음과 같은 유한소수들이 끝없이 계속되었을 때 다가가는 값으로 생각할 수 있다.

$$0.a_1 = a_1 \times \frac{1}{10},$$

$$0.a_1a_2 = \left(a_1 \times \frac{1}{10}\right) + \left(a_2 \times \frac{1}{100}\right),$$

$$0.a_1a_2a_3 = \left(a_1 \times \frac{1}{10}\right) + \left(a_2 \times \frac{1}{100}\right) + \left(a_3 \times \frac{1}{1000}\right),$$

$$\cdots = \cdots$$

무한소수를 이루는 부분합

무한소수를 정의하는 무한급수를 살펴보면, 요점은 바로 위의 식처럼 항을 하나 더할 때마다 그 값이 약간씩 증가한다는 것이다. 그런데 이러한 부분합, 즉 임의의 n번째 자리까지의 유한 개의 덧셈을 한 값은 항상 1보다 작다.

$$0.a_1a_2a_3a_4 \cdots a_{n-1}a_n < 1$$

따라서 위 무한급수는 새로운 항을 더할 때마다 조금씩 커지면서도 '상한선'(여기서는 1)이 존재하기 때문에 영원히 커질 수는 없다. 이런 경우 급수의 값이 반드시 어떤 특정한 유한 실수가 된다는 것이 바로 실수의 완비성 공리이다.[*]

다음 그림을 보면, 무한급수의 합이 유한할 수밖에 없음이 직관적으로 느껴질 것이다.

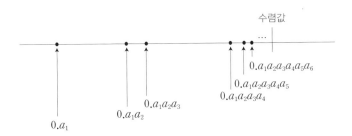

수렴하는 무한소수

실수 체계의 정립은 이러한 직관을 바로 공리로 도입하면서 이루어졌다. 그리고 다시금 강조하자면 이 공리가 '맞다'는 사실을 처음 보여준 예시가 제논의 역설 아닌 역설이었던 것이다.

---

[*] 이 실수가 정확히 어떤 값이 되는지는 아주 특별한 몇 개의 경우 말고는 이야기할 수 없다. 오히려 급수 자체가 실수의 값을 정의한다고 보는 것이 좋다. 예를 들어 다음 급수를 살펴보자.

$$1+\frac{1}{1}+\frac{1}{2\times1}\times1+\frac{1}{3\times2\times1}+\frac{1}{4\times3\times2\times1}+\cdots$$

예를 들어서 위 급수의 값이 유한하다. 이 수는 자주 사용되기 때문에 e라는 이름을 붙였는데, 급수 자체가 e의 근사값을 구하는 방법을 주기도 한다. 가령 $e\approx1+\frac{1}{1}+\frac{1}{2\times1}+\frac{1}{3\times2\times1}+\frac{1}{4\times3\times2\times1}+\frac{1}{5\times4\times3\times2\times1}$ 까지만 계산해도 꽤 좋은 근사값이 된다.

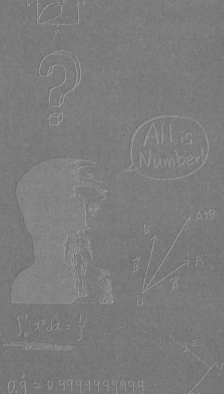

4장

평면 연산과
복소수 체계로
만나는 시공간

직선 연산과 평면 연산

지난 장에서는 직선상의 연산이 실수라는 수 체계에 의해 완전히 표현된다는 것, 즉 실수 체계와 더하기와 곱하기 연산이 주어진 직선이 사실상 같은 것임을 살펴보았다. 이번 장에서는 평면상의 연산을 정의함으로써 복소수 체계를 소개하고자한다.

우선 직선상의 연산을 복습해보자. 아래와 같이 직선이 하나 주어져 있고 이 직선 위에 두 점 A와 B를 고정하였을 때, 우리의 최초 질문은 "두 점을 '더한' 점 $C=A+B$를 직선 상에 위치시킬 수 있는가?"였다.

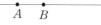

직선 위의 두 점

언뜻 생각하면 이 문제는 무척 단순한 것처럼 보인다. 점 A와 B가 주어질 때마다 임의로 세 번째 점 C를 찍고, 이 점을 $A+B$로 생각하기로 약속하면 되지 않을까? 하지만 이런 방식은 전혀 자연스럽지 않다. 그렇기 때문에 그런 임의적인 방법으로 덧셈을 정의했을 때는 자연스러운 법칙, 가령 결합법칙이 성립하지 않는다. 직선 위에 자연스러운 덧셈을 정의하기 위해서는 먼저 직선 위에 원점을 하나 고정해주면 된다는 것은 앞에서 여러 번 살펴보았다. 원점을 고정하고 나면 직선 위의 각 점들은 이제 원점으로부터의 거리를 잴 수 있게 된다. 다음 그림을 위의 그림과 함께 비교하여 살펴보자.

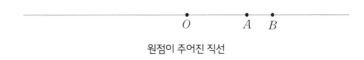

원점이 주어진 직선

점 O에서부터 점 A까지의 거리와 같은 거리를 이번에는 점 B에서부터 출발하면, 우리는 자연스럽게 두 점을 더할 수 있게 된다. 이렇게 얻어지는 점이 $C=A+B$이다.

두 점 A와 B의 합 $A+B$

이 직선의 덧셈을 조금 다른 방식으로 생각해보자. 원점이 고정되고 나면 직선 위의 한 점 A는 단순히 점일 뿐만 아니라 원점을 시작점으로 하고 A가 끝점인 화살표를 나타내는 것으로도 생각할 수 있다.

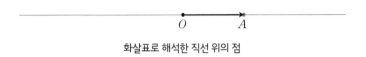

화살표로 해석한 직선 위의 점

원점이 직선을 오른쪽과 왼쪽의 두 부분으로 나누므로 위의 그림에서 점 A에 해당하는 화살표는 '오른쪽 방향으로 화살표의 길이만큼 가라'는 지시로 생각할 수 있다. 점들을 그 점이 나타내는 화살표들이 지닌 지시로 해석한다면 이제 $A+B$는 A와 B가 지닌 지시들을 합성한 지시로서 생각할 수 있다. 이는 먼저 A점에 해당하는 화살표의 지시를 이행한 후 B점에 해당하는 화살표의 지시를 이행하여 얻어지는 점이 된다.

지시를 지키며 실제로 직선을 따라가보자. 처음에 원점에서부터 출발하여, A의 방향으로 원점과 A가 이루는 화살표의 길이만큼 이동하고, (이러면 직선 위에서 정확히 A점 위치에 오게 된다.) 다시 B가 나타내는 화살표의 방향으로 원점과 B가 이루는 화살표의 거리만큼 이동하면 얻어지는 점은 정확하게 앞서 정의한 $A+B$가 된다.

두 점의 덧셈을 지시들의 합성으로 생각하는 것은 앞서 점들 사이의 거리를 재서 이동하는 것으로 생각하는 것보다 더 자연스럽다. 계속해서 자연스럽다는 모호한 용어를 쓰고 있지만, 자연스럽다는 말은 인위적인 조작이 최대한 배제된 것을 의미하는 것으로 받아들이자.

이제 두 점이 주어지고 그 점들을 더하는 연산을 정의해보라는 질문을 받았을 때, 처음에 언뜻 생각했던 것처럼 완전히 인위적으로 세 번째 점을 찍는 방식보다는 점들의 거리를 재서 이동하는 방식의 정의가 더 자연스럽다. 또한 '거리를 잰다'는 말에 들어 있는 조금의 인위적인 요소도 배제한 정의가 새로 제시한 '지시들의 합성'인 것이다. 하지만 이 새로운 정의와 점들 사이의 거리를 헤아림으로써 얻어진 기존의 정의 모두 두 점의 합에 대해 같은 답을 제시한다.

이러한 새로운 정의를 받아들이고 나면, 두 점의 뺄셈도 좀 더 자연스럽게 이해할 수 있다. 먼저 주어진 점 A의 '덧셈에 대한 역원' A를 A가 나타내는 지시의 반대로 정의하자. 예를 들어 A가 '오른쪽으로 10만큼 가라'는 지시를 담고 있는 점이었다면 $-A$는 거꾸로 '왼쪽으로 10만큼 가라'라는 지시를 담고 있는 점이 된다. 물론 최초의 점 A가 왼쪽으로 가라는 지시를 담은 점이면 $-A$는 오른쪽으로 가라는 지시를 담은 점이 될 것이다. 이제 임의의 두 점 A와 B가 주어져 있다고 하면, 두 점의 차인 $A-B$를 $A+(-B)$로 정의한다.

즉, 먼저 B의 '역 지시'인 $-B$를 생각하고, 이 지시와 A가 담고 있는 지시를 합성하여 얻어진 점이 $A-B$가 되는 것이다. 이 또한 앞서 A와 B의 원점으로부터의 거리를 사용한 정의와 같은 답을 주는 것을 확인할 수 있다.

앞 장에서 얼버무렸던 직선 위의 점들의 곱셈에 대해 여기서 자세히 알아보도록 하겠다.

직선 위에 두 점이 찍혀 있다고 하자. 이 두 점의 덧셈을 정의하기 위해서는 직선 위에 원점이라고 불리는 점 0이 필요하였던 것을 위에서 살펴보았다. 하지만 곱셈을 정의하기 위해서는 원점 말고도 새로운 점이 필요하다. 이 점을 1이라 부르겠다. 아래의 그림은 0과 1이 모두 주어진 직선 위에 두 점 A와 B를 표시한 것이다. 두 점 A와 B는 편의상 모두 점 0의 오른쪽에 위치하고 있는 것으로 생각한다.

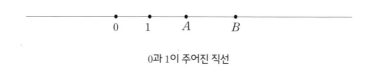

0과 1이 주어진 직선

우리가 두 점 A와 B의 곱 $A \times B$를 정의하기 위해서는 기울기가 원점에서부터 A까지의 거리와 같고 원점을 지나는 직선 L_A를 이용하여야 한다. 이 직선을 만드는 방법은 어렵지 않다. 원점에서부터 점 A까지의 거리를 $|A|$로 나타내자. 원점을 지나는 직선의 기울기

가 $|A|$ 가 된다는 말은, 그 직선에서부터 점 1까지 내려그은 선분의 길이가 정확히 $|A|$ 가 되어야 한다는 뜻이다. 다음의 그림을 참고 하자.

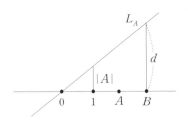

직선과 보조선 L_A

이제 이 보조선 L_A를 점 B에 내려 그은 선분을 또 생각한다. 이 선분의 길이를 d라고 하면, 우리가 찾는 점 $A \times B$는 원점에서부터 d만큼 오른쪽으로 이동한 곳에 찍힌 점이다.

몇 가지 언급해둘 것이 있다. 첫째, 우리는 편의상 A와 B가 모두 원점의 오른쪽에 위치한 점들이라고 생각했는데, 이 조건이 성립하지 않게 되더라도 점들의 곱셈을 잘 정의할 수 있다. 만일 두 점 중한 개 내지는 모든 점들이 원점의 왼쪽에 위치해 있었다고 한다면 우리는 먼저 앞서 살펴본 점들의 덧셈에 대한 역수, 즉 $-A$와 $-B$를 이용하여 점들을 모두 원점의 오른쪽에 위치한 것으로 바꾸어 놓고 생각한다.

이제 앞에서 보았던 대로 곱셈을 진행하는데, 한 가지만 명심

해두면 된다. 곱셈의 최종 결과는 보조선 L_A를 점 B에 내려 그은 선분의 길이 d만큼 원점으로부터 오른쪽으로 진행하여 점을 찍는지, 왼쪽으로 진행하여 점을 찍는지만 다를 뿐이다. 좀 더 자세히 이야기하자면, 처음부터 두 점 A, B가 동시에 원점의 오른쪽에 위치하였거나 왼쪽에 위치하였다면 점 $A \times B$는 원점의 오른쪽에 위치하도록 하고, 만일 두 점의 원점에 대한 방향이 달랐다면 $A \times B$는 원점의 왼쪽에 위치시키면 된다.

두 번째로 언급해둘 것은, 점들의 곱셈 연산이 복잡하고 하나도 자연스러워 보이지 않는다고 해도 너무 걱정할 것은 없다는 점이다. 우리는 뒤에 이 직선 위에서의 연산을 자연스럽게 확장한 평면 연산을 살펴볼 것이다. 특히 평면에서의 자연스러운 곱셈을 살펴보고 나면 이 복잡한 연산은 평면에서의 연산의 특수한 경우임을 깨달을 수 있을 것이다.

이제 직선 위에서의 연산을 확장한 평면 연산에 대해 알아보자. 다음 그림은 평면을 나타낸 것이다. 일부분에 집중하기 위해 테두리를 그렸지만 실제로 우리가 생각하는 평면은 경계 없이 무한히 상하좌우로 뻗어나가는 평면이다. 또한 평면 위에 두 점 A와 B가 주어져 있다고 하자. 우리는 먼저 이 두 점을 더하는 법을 생각해 볼 것이다. 즉 우리는 두 점의 합 $C = A + B$를 결정해주어야 한다.

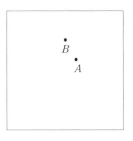

평면 위의 두 점

　직선에서의 덧셈과 마찬가지로 아무렇게나 세 번째 점을 찍고 이
를 $A+B$로 명명하는 것은 전혀 자연스럽지 않다. 이번에도 평면
위에 점 두 개가 주어진 현재 상태로는 자연스러운 덧셈을 정의할
수 없고, 대신 평면에 원점 O를 고정시켜 준다면 덧셈을 정의하는
것이 가능하다. 먼저 원점 O를 고정하고 나면, 직선에서와 마찬가
지로 평면상의 점들을 일종의 '지시'로 해석하는 것이 가능하다. 직
선에 위치한 점은 그 점이 원점의 오른쪽에 있는지 왼쪽에 있는지
에 따라 두 가지 방향 중 한 방향으로, 원점으로부터 A까지의 거리
만큼 이동하라는 지시를 담고 있었다. 이제 점 A가 평면 위에 놓여
있는 점이라고 하면 원점으로부터 A가 놓여 있는 방향으로 그 거
리만큼 이동하는 지시를 담고 있다고 해석하는 것이 자연스럽다.
이번에도 원점을 시작점으로 하고 A점을 끝점으로 하는 화살표로
해석할 수도 있다. 이제는 화살표를 분명하게 $\vec{A}$로 표시하자. 그렇
다면 두 점 A와 B가 주어져 있을 때 그 합 A+B를 화살표 $\vec{A}$와 $\vec{B}$
를 합성한 화살표가 가리키는 끝점으로 정의한다. 이때 두 화살표

를 합성했다는 것은 한 화살표의 시작점을 다른 화살표에 끝에 가져다 놓고 이어진 화살표를 연달아 따라간 마지막 점을 끝점으로 하는 화살표를 뜻한다. 그림으로 살펴보자.

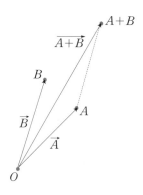

두 화살표의 합성

위의 그림에서, 점선으로 표시된 화살표는 화살표 $\vec{B}$를 화살표 $\vec{A}$의 끝점에 가져다 놓은 화살표를 뜻한다. 이때 $\vec{A}$의 시작점인 원점으로부터, $\vec{B}$를 옮겨 만들어진 점선 화살표의 끝점까지 진행하는 화살표가 바로 $\overrightarrow{A+B}$로서, 그 끝점이 바로 A와 B의 합인 $A+B$이다.

이러한 정의는 '평행사변형 법칙'이라고도 불린다. 평행사변형이란 사각형의 일종으로, 마주 보는 두 변이 서로 평행한 것을 뜻한다. 화살표 $\vec{A}$와 $\vec{B}$가 주어져 있을 때, 원점에서부터 출발하는 두 화살표들을 각각 서로의 끝점으로 평행이동을 통해 가져다 놓으면 평행사변형이 만들어진다. 이 평행사변형에서 한 꼭짓점인 원점을 시작점으로 하고, 원점과 마주보는 꼭짓점을 끝점으로 하는 화살표를 생각한다면 이 화살표가 바로 $\overrightarrow{A+B}$이기 때문에 이 화살표들의 합성 규칙에 '평행사변형 법칙'이란 이름이 붙게 된 것이다. 위의 그림과 동일한 다음 그림을 참고하자. 두 화살표 $\vec{A}$, $\vec{B}$와 더불어 그들을 평행이동하여 만들어진 점선이 평행사변형을 이루고 있다.

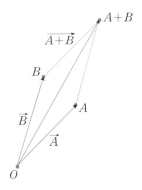

평행사변형을 이루는 화살표들

평면 위에서의 뺄셈은 어떻게 정의할 수 있을까? 우리는 이번에도 역시 직선에서의 연산을 자연스럽게 확장하는 방법을 강구해야 한다. 직선에서의 뺄셈을 생각해 보면, 점 $A-B$를 우리는 $A+(-B)$로 이해하였었다. 직선에서는 점이 하나 주어졌을 때 그 점의 역원을 다음과 같이 정의하였다. 점 A가 직선 위에 주어지면 $-A$를 A가 나타내는 화살표를 뒤집어 만들어진 화살표가 $-A$이다. 이를 통해 $A-B=A+(-B)$로 두 점의 뺄셈을 계산할 수 있었다. 그렇다면 평면에서는 어떻게 될까? 직선의 경우와 마찬가지로 화살표 $\vec{A}$를 '뒤집은' 화살표를 $-\vec{A}$로 정의하면 될 텐데, 이때 이 뒤집혀진 화살표는 $\vec{A}$가 나타내는 방향을 반대로 하여 얻어지는 것이다. 다음 그림을 살펴보자.

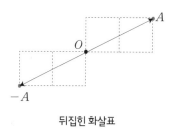

뒤집힌 화살표

평면에서 정의한 위의 덧셈은 연산이 만족해야 할 좋은 성질들을 모두 만족한다. 평면 덧셈이 만족하는 대표적인 좋은 성질들은 다음과 같이 정리할 수 있다.

- **결합법칙.** 세 점 A, B, C에 대해, $(A+B)+C=A+(B+C)$를 만족한다. 이는 여러 번의 평면 덧셈이 주어져 있을 때 어떤 부분을 먼저 계산하는지에 관계없이 같은 답을 준다는 뜻이다.

- **항등원의 존재.** 특별한 점 O가 존재하여 아무 점 A를 생각하더라도 항상 $A+O=A=O+A$를 만족한다. 물론 이 점 O는 우

리가 원점이라 불렀던 점이다. 점을 화살표, 또는 방향과 크기를 갖는 지시로 이해하였을 때 원점이 '그 자리에 계속 있어라'는 지시를 담고 있다는 사실로부터 금방 확인할 수 있다.

- **역원의 존재.** 임의의 점 A에 대해서 $-A$라는 점이 평면 상에 존재하여 $A+(-A)=O=(-A)+A$를 만족한다. 우리는 A에 해당하는 화살표를 뒤집어줌으로써 $-A$라는 점을 정의하였었다. $-A$에 해당하는 화살표는 A에 해당하는 화살표와 비교하였을 때 방향만 서로 반대이고 크기가 똑같다는 점을 생각해 보면, 두 화살표를 합성하면 원점이 된다는 사실을 알 수 있다.

- **교환법칙.** 임의의 두 점 A와 B에 대해, 항상 $A+B=B+A$이다. 화살표 $\vec{B}$를 화살표 $\vec{A}$의 끝에 가져다 놓든지 아니면 반대로 $\vec{A}$를 $\vec{B}$의 끝에 가져다 놓든지 화살표들을 합성하고 나면 같은 화살표를 준다.

이제 평면상에서의 곱셈에 대해 살펴보자. 이번에도 우리를 이끄는 기본 원칙은 직선상에서의 연산을 자연스러운 방식으로 확장하여야 한다는 것이다. 이를 위해 한 가지 표기법을 도입한다. 원점이 주어진 평면상의 한 점을 A라 하면 원점에서부터 A까지의 거리를 $|A|$로 표기하고, A(혹은 $\vec{A}$)의 **크기**라고 부르자. 직선에서의 연

산에서 살펴보았듯이 평면에서도 원점만 주어진 상태의 평면에서는 두 점의 곱을 정의할 수 없다. 곱셈을 위해서는 원점 말고도 거리의 단위가 되는 점이 하나 더 필요한데, 이 점을 1이라 부른다. 점 1은 평면 위에서 원점을 제외한 어느 곳에 찍어도 상관없다. 한 번 점 1이 고정되고 나면 이제 원점에서부터 1까지의 거리를 편의상 1로 둔다. 또한 원점과 1이 정해지면 우리는 이 두 점을 잇는 직선을 생각할 수 있게 되는데 이 직선은 실직선(Real Line)이라 불린다. 앞서 살펴보았던 직선에서의 연산은 모두 이 실직선 위에서 일어나는 일이라고 생각하고, 우리가 앞서 정의했던 평면에서의 덧셈과 이제부터 정의할 곱셈 모두 실직선 위에서의 연산을 확장한 것으로 생각할 것이다. 바꾸어 말해, 평면 위의 두 점이 만일 실직선 위에 위치한 것이었다면, 평면에서의 덧셈과 곱셈 법칙을 그대로 사용하여 계산한 두 점의 합과 곱이 바로 직선상에서의 합과 곱 계산과 정확하게 일치하게 된다는 뜻이다. 기준이 되는 직선이 생겼으므로 원점을 지나는 임의의 직선이 있다고 할 때 그것과 실직선이 서로 만드는 각을 생각할 수 있다. 좀 더 정확히 말해서 원점을 출발하여 1을 통과하는 반직선이 각을 재는 기준선이 되고, 평면 위에 임의의 점 A가 있으면 화살표 $\vec{A}$의 (이 기준 반직선으로부터의) 각이 잘 정의된다는 뜻이다. 그림으로 살펴볼 때는 편의상 기준선을 수평선으로 생각하는데 아래의 그림과 같이 각 θ가 주어지게 된다.

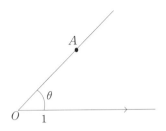

화살표가 이루는 각
원점을 출발하여 1을 통과하는 반직선이 각을 재는 기준이 된다

점이 $A, B, C, \cdots\cdots$ 등으로 여러 개 주어져 있을 때 기준 반직선과 점들에 대응하는 화살표들이 이루는 각을 구분하기 위하여 각각 $\theta_A, \theta_B, \theta_C, \cdots$ 등의 표기법도 사용한다. 즉, 위 그림에서 주어진 각은 혼동의 여지가 없을 때는 θ로 표기하지만 θ_A로 표기하여 점을 명시할 수도 있다. 점과 그에 대응하는 화살표로부터 각을 정의할 수 있는 것처럼, 거꾸로 이제 0도에서 360도까지의 각이 주어져 있으면 이는 원점을 중심으로 하는 평면에서 방향을 주고 있다고 볼 수 있다. 예를 들어 0도라면 기준이 되는 반직선(원점과 점 1을 잇는 방향으로 연장한 반직선) 방향이 되는 것이고, 90도라면 'y축 방향'이 된다. 각이 주어졌을 때 방향이 결정되므로, 평면 위의 임의의 점은 방향과 크기를 갖는 화살표가 되었다가, 다시 크기와 각으로 이루어진 한 순서쌍으로 생각할 수도 있다.

$$\{(r,\ \theta)\,|\,r>0,\ 0\leq\theta<360\}$$

즉, 위 집합은 평면에서 원점을 뺀 공간과 완전히 일대일 대응한다. 원점이 아닌 평면 위의 점 A가 주어지면 이에 해당되는 순서쌍 (r, θ)를 단 한 개 찾을 수 있고, 반대로 위 집합의 조건을 만족하는 순서쌍 (r, θ)이 있으면 해당되는 평면의 점을 단 하나 찾을 수 있다. 원점의 경우 방향이 정의되지 않기 때문에 위의 대응에서 편의상 제외되었다.

이제 평면 위에 두 점 A와 B가 주어져 있다고 하고, 이들의 곱을 구하는 방법을 살펴보자. 두 점 A와 B는 화살표 $\vec{A}$, $\vec{B}$로 해석한다. 이때 두 점을 곱하여 얻어진 점을 C, 이에 해당하는 화살표를 $\vec{C}$라 두면 $\vec{C}$는 다음 조건을 만족하는 유일한 화살표로 정의한다.

- $\vec{C}$의 방향은 앞서 살펴보았듯이 각 θ_C를 정해주면 곧바로 결정된다. 우리는 $\theta_C = \theta_A + \theta_B$로 둔다. 즉, C에 대응되는 각은 B에 대응되는 각에 A에 대응되는 각을 더해 준 만큼이다. 이때 계산상으로는 더한 각이 360도를 넘어갈 수도 있는데, 360도는 0도와 같은 각이므로 더한 각이 360도를 넘어갈 때마다 360을 빼준 각으로 생각하면 된다. 기하학적으로는 화살표 $\vec{B}$를 화살표 $\vec{A}$의 각 만큼 시계 반대 방향*으로 회전하여 얻어진 방향이다.

- $\vec{C}$의 크기, $|C|$는 $|A| \cdot |B|$로 정의한다. 즉, $\vec{A}$와 $\vec{B}$의 크기를

---

* 이 회전방향을 수학에서는 '양의 방향'이라 부른다.

서로 곱해준 양이다. 다음 그림을 참고하자.

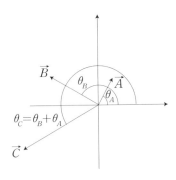

평면에서의 두 점의 곱셈

덧셈에서와 마찬가지로 곱셈에서의 화살표 또한 일종의 '지시'로 해석할 수도 있다. 원점을 시작점으로 하고 주어진 점 $\vec{A}$를 끝점으로 하는 화살표 $\vec{A}$는 기본 단위가 되는 화살표인 $\vec{1}$ (원점을 시작점으로 하고 우리가 고정한 또 다른 점 1을 끝점으로 하는, 길이가 1인 화살표)에서 시작해서 A의 각도, 즉 θ_A만큼 회전하고 다시 A의 크기만큼 화살표를 늘리거나 줄이라는 지시이다. 그러면 두 점 A와 B의 곱인 $A \cdot B$는 B의 지시와 A의 지시를 연달아 이행하라는 지시가 된다.

수학뿐 아니라 다른 학문 분야나 일상생활에서도 생소한 새로운 개념이 나타났을 때, 그 개념이 적용되는 예시를 살펴보는 것은 개념 자체를 이해하는 데 항상 큰 도움이 된다. 평면에서의 두 점의 곱셈도 마찬가지로, 몇 가지 간단한 계산을 해봄으로써 익숙해질 수 있다. 예를 들어서 실직선상의 두 점의 곱을 해보자. 원점 0을 기준으로 하여 1과 같은 쪽의 반직선에 속한 점들을 **양수**라고 하고, 반대쪽에 속한 점들을 **음수**라고 한다.

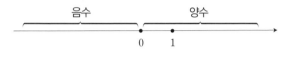

양수와 음수 점들, 단, 원점 0은 양수도 음수도 아니다

    음수 두 개 A와 B의 곱은 평면 곱셈의 관점에서 해석했을 때 어떻게 되는가? 평면 위의 곱셈을 다룰 때, 평면 위의 점이 있으면 그 점의 '각도'를 이야기할 수 있었다. 구체적으로 말해 원점 0을 출발하여 1을 통과하여 진행되는 반직선, 즉 양수들의 반직선이 각을 재는 기준선이 되고, 평면 위에 놓인 임의의 점은 그 점을 화살표로 해석하였을 때 기준선에서부터의 각도를 측정하여 점의 각도를 이야기하였었다. 이러한 관점에서 음수인 A의 각은 양수들의 반직선에서부터 음수들의 반직선이 이루는 각에 해당하고, 이는 정확히 180도가 된다. 이제, AB를 구하려면 B를 180도 회전한 후 A의 크기만큼 늘려야 한다. B를 180도 회전하면 같은 크기의 양수가 되고 거기에 A의 크기를 곱해야 하는 것이다.

    따라서 평면 곱셈의 관점에서 (음수)×(음수)=(양수)가 되는 원리가 설명된다. 일반적으로 크기가 1인 점 A가 있으면 AB는 B를

A의 각도만큼 회전한 점이다. ($|A|$=1이므로 더 이상 늘이거나 줄이는 작업을 할 필요가 없다.)

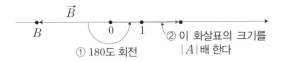

두 음수를 곱하는 과정.
B를 A의 각도인 180도만큼 회전하고, 그 결과 얻어진 화살표를 $|A|$배 한다

가령 −1은 0을 중심으로 1과 정반대에 있는 점이다. 즉, 1을 180도 회전하여 얻어진 점으로 생각한다.

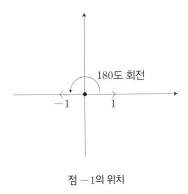

점 −1의 위치

따라서 −1의 크기는 당연히 1이다. 그러면 임의의 점 A에 −1을 곱한 $(-1)A$는 A를 180도 회전한 것과 같아지므로 결과는 $-A$가 된다. 따라서 다음과 같은 자연스러운 등식이 생긴다.

$$(-1) \cdot A = -A$$

조금 더 어려운 문제를 내보겠다. 평면 위의 점들 중 다음의 점들을 찾아보자.

$$A^3 = 1$$

A^3이란 당연히 점 A에 자기 자신을 세 번 거듭해서 곱한 점, 즉 $A \cdot A \cdot A$를 뜻한다. 우선 $A=1$이 당연히 식을 만족한다. 1 말고도 또 다른 점도 있을까? 곱셈의 정의를 살펴보면 점들의 크기에 관해 다음 등식이 성립함을 알 수 있다.

$$|AB| = |A||B|$$

따라서 $A^3=1$이면 양변의 크기를 취하였을 때 $|A^3|=1$이기 때문에,

$$1 = |A^3| = |A \cdot A \cdot A| = |A|^3$$

즉 A의 크기의 세제곱 $|A|^3$도 1이 된다. 그런데 $|A|$는 음이 아닌 실수이기 때문에 $|A|=1$이어야만 한다. 따라서 방정식 $A^3=1$을 만

족하는 점 A의 크기는 항상 1이다.

이번에는 위 방정식을 만족하는 점 A의 각도를 생각해보도록 하자. 곱셈의 정의에서, 두 점을 곱해서 얻어진 점의 각도는 곱하는 두 점의 각도를 더한 것과 같았다. 이를 식으로 표현하면 다음과 같다.

$$\theta_{AB} = \theta_A + \theta_B$$

따라서 A를 세 번 거듭제곱한 A^3의 각도가 1의 각도인 0이 된다는 것은 A의 각도를 세 배 하였을 때 0도가 되어야 한다는 것이다. 단순하게 생각하면 방정식 $3\theta = 0$을 만족하는 각 θ는 0밖에 없을 것이라고 생각할 수 있다. 하지만, 조금 골치 아픈 (그러나 재미있는) 것은 이를테면 360도나 그것의 정수배인 720도, 1080도, −360도만큼 회전하고 나면 다시 제자리로 돌아오게 되어 같은 각이 된다는 것이다. 즉, 각의 관점에서 보면 위의 각들은 모두 0도와 같은 것이다. 이렇게 생각하고 나면 이제 각도를 세 배 하였을 때 0도가 되는 추가적인 각도들을 찾을 수 있다. 정확하게 말하여, 120도와 240도를 생각해 보자. 120도의 경우 세 배 하면 360도가 되어 0도와 같은 각이고, 또한 240도의 경우에도 세 배 하면 720도가 되어 0도와 같은 각이 된다. 이 세 각도들, 즉, 0도, 120도, 240도가 세 배 하여 0도가 되는 모든 각도에 해당한다. 그림으로 보면 아래와 같다.

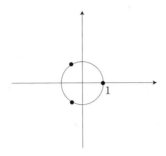

방정식 $A^3=1$을 만족하는 세 점

　따라서 방정식으로 생각한 $A^3=1$은 해가 세 개이고 그중 실직선
밖에 있는 해가 두 개다.

복소수 체계의 연산

평면상의 점들에 덧셈과 곱셈이 주어졌을 때 이를 복소수 체계라
부르고 **C**라고 표기한다. 다시 한 번 강조하자면, 자연스러운 덧셈과
곱셈이 정의되었으니 이제 이를 수 체계로 보는 것이 옳고 평면상
의 각 점은 이제 수가 되는 것이다. (구체적인 성질에 대해서는 밑에서
다시 거론할 것이다.)

　복소수 중에서 가장 유명한 수는 1을 시계 반대 방향으로 90도만
큼 회전한 점에 해당하는 수로, 보통 i라고 부른다. 아래 그림은 i,
$-i, 1, -1$을 평면 위에 나타낸 것이다.

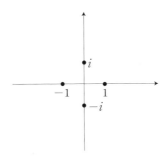

평면 위에 나타낸 네 점 $i, -i, 1, -1$

여기서 $i^2 = i \times i$을 계산해보자. i는 크기가 1이고 각도가 90도인데 자기 자신에 곱했으니 i를 90도 회전해서 나오는 점은 -1이다. 따라서 $i^2 = -1$이라는 등식이 나온다. 그러므로 i는 -1의 제곱근이다.* 결과는 다음과 같다.

$$i = \sqrt{-1}$$

이와 비슷하게 $2i$는 -4의 제곱근이 되고 $-a$의 제곱근은 $\sqrt{a}\,i$가 된다.

---

* 여기서 한 가지 조심할 점은 $-i$도 -1의 제곱근이 된다는 사실이다. 이것은 실수의 경우도 마찬가지다. 가령 4의 제곱근은 2, -2 두 개 모두 가능하다. 그럼에도 $2 = \sqrt{4}$ 같은 표기법을 쓰는 이유는 $\sqrt{4}$를 정의할 때 제곱근 둘 중에 양수를 택하기로 정하였기 때문이다. 그런데 복소수 제곱근을 생각할 때는 양수가 따로 없기 때문에 $i = \sqrt{-1}$라고 쓸 때, 약간의 불확실성이 있다. 그럼에도 보통은 별 문제를 일으키지는 않는다.

덧셈으로부터 뺄셈이 자연스럽게 유도되듯이, 곱셈을 정의하고 나면 나눗셈도 자연스럽게 정의할 수 있게 된다. 하지만 우리의 수 체계가 0으로 나누는 일을 허용하지 않듯이, 평면에서의 나눗셈에서도 어떤 점을 원점으로 나누는 일은 허용되지 않는다. 어떤 점 A를 원점이 아닌 어떤 점 B로 나눈다는 뜻은 $A = B \cdot X$를 만족하는 어떤 점 X를 찾는다는 뜻이다. 이는 다시 X에 해당하는 방향과 크기의 순서쌍을 찾아준다는 뜻과 마찬가지이다. 곱셈의 정의를 사용하면 어렵지 않게 이 방향과 크기를 찾을 수 있다.

먼저 $\vec{X}$의 방향을 찾아보자. 점 A가 점 B와 X의 곱이라고 하였으므로, 각 점에 해당하는 화살표들이 정의하는 각은 $\theta_A = \theta_B + \theta_X$를 만족한다. 따라서 점 X에 해당하는 각 $\theta_X = \theta_A - \theta_B$가 된다. 앞서 각을 계산할 때 360도를 넘어가는 상황을 생각했었는데, 이번에는 두 값의 차이를 생각하게 되므로 어떤 경우에는 저 값이 음수가 될 수도 있다. 하지만 원의 온전한 각, 즉 온전한 한 바퀴에 해당하는 각이 360도이므로, 음수가 나온 경우 360을 더해 주어 0도와 360도 사이에 있는 각을 만들어줄 수 있다. 예를 들어 각이 -10도라는 것은 한 바퀴를 돌아서 제자리로 온 $-10 + 360 = 350$도가 된다. 기하학적으로는 X에 해당하는 화살표 $\vec{X}$의 방향은 화살표 $\vec{A}$에서부터 출발하여 화살표 $\vec{B}$에 해당하는 각만큼 시계방향으로** 회전하여 얻어지는 방향이다.

** 즉, '음의 방향'으로.

이제 $\vec{X}$의 크기를 생각해 보자. $A=B \cdot X$이므로, 두 점의 곱의 정의를 생각해보면 $|A|=|B| \cdot |X|$임을 쉽게 알 수 있고, 따라서 $\vec{X}$의 크기는 $|X|=|A|/|B|$이다. 크기는 보통의 실수값을 지니고 있고 우리가 실수의 연산에서 0으로 나누는 것을 생각하지 않으므로 $|B|=0$이 되는 B, 즉 원점으로 어떤 점을 나누는 것 또한 생각하지 않는다. 평면연산의 성질들을 조금더 체계적으로 정리해보자.[*]

곱셈 또한 덧셈과 마찬가지로 좋은 연산이 갖추어야 할 성질들을 올바로 갖추고 있다.

- **결합법칙.** 임의의 세 점 A, B, C에 대해, $(A \cdot B) \cdot C = A \cdot (B \cdot C)$를 만족한다. 이 등식의 양변을 각각 계산한 결과는 크기가 $|A| \cdot |B| \cdot |C|$이고 $\theta_A + \theta_B + \theta_C$의 방향각을 갖는 화살표의 끝점이 될 것이다.

- **항등원의 존재.** 특별한 점 I가 존재하여 평면 위의 아무 점 A가 주어지더라도 항상 $A \cdot I = A = I \cdot A$를 만족한다. 이 점 I를 점 1로 둔다. 점 1의 크기는 1로 약속하였고 이 점은 실직선 위에 원점의 오른편에 있으므로 각은 0도이다. 따라서 $I \cdot A$와 $A \cdot I$ 모두 A 자신이 될 수밖에 없다.

---

[*] 이 성질들의 증명은 생략할 것이다. 그중 대부분은 정의로부터 쉽게 따르지만 가령 분배법칙 같은 경우 기하학적인 요령이 약간 필요하다.

- **역원의 존재.** 임의의 원점이 아닌 점 A에 대해 점 A^{-1}이 존재하여 다음 등식 $A \cdot A^{-1} = 1 = A^{-1} \cdot A$를 만족한다. 이는 결국 점 1을 점 A로 나눗셈을 하여 찾을 수 있다. 점 A가 원점이 아니라 하였으므로 우리의 앞선 논의를 통해 점 A^{-1}을 유일하게 결정할 수 있다.

- **교환법칙.** 임의의 점 A, B에 대해 $A \cdot B = B \cdot A$를 만족한다. 이 또한 당연한 결과로서 양변 모두 크기가 $|A| \cdot |B| = |B| \cdot |A|$이고 각이 $\theta_A + \theta_B$인 화살표에 해당하기 때문이다.

한편 덧셈과 곱셈이 정의되면 두 연산 사이의 관계 또한 중요해진다. 특히 우리가 두 연산에 각각 덧셈과 곱셈이란 이름을 붙이게 된 근본적인 이유는 다음과 같은 분배법칙이 성립하기 때문이다. 분배법칙은 임의의 세 점 A, B, C가 주어져 있을 때, 다음 등식이 만족된다는 것이다.

$$A \cdot (B+C) = (A \cdot B) + (A \cdot C)$$

이 성질들을 다 감안하면 평면상의 점들 C는 수 체계로서의 자격을 다 갖춘 것이다.

우리는 지난 장에서 직선에서의 연산과 실수의 연산이 본질적으로 같은 것임을 살펴보았다. 사실 '실수 체계' 자체가 바로 직선에서의 연산을 온전히 언어로 표현하기 위하여 고안된 것이었다.[*] 복습하자면 유리수들을 모두 수직선상에 모두 나타내었을 때 직선 위의 모든 점들이 모두 유리수로 표현될 수는 없었고, 따라서 비어 있는 점들을 채우도록 만들어진 체계가 바로 실수 체계였다.

지금껏 정의한 평면에서의 연산도 이와 같이 실수 체계와 비슷한 언어로 이해할 수 있을까? 이미 원점을 제외한 평면의 점을 해당하는 화살표의 크기와 방향으로 해석하였는데, 이번에는 조금 다른 해석을 시도해보자. 원점을 지나고 점 1을 지나는 직선은 이미 실직선, 또는 실수축이라 부르기로 약속했었다. 그 직선을 시계 반대 방향으로 90도만큼 회전한 직선, 즉 원점과 점 i를 지나는 직선을 전통적으로 허수축(Imaginary Axis)라 부른다.

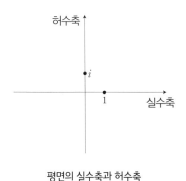

평면의 실수축과 허수축

위의 그림에서 쉽게 볼 수 있듯이 실수축과 허수축은 평면을 네 구역으로 나눈다. 이제 임의의 점 A가 주어지면 아래 그림과 같이 그에 해당하는 화살표 $\vec{A}$는 실수축 위의 화살표와 허수축 위의 화살표 두 개의 합으로 쓸 수 있다.

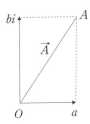

화살표를 실수축 성분과 허수축 성분으로 분해한 그림

실수축 위의 점은 한 실수 a와 대응하고, 허수축 위의 점은 한 실수 b에 대해 bi에 대응한다. 따라서 우리는 복소수체 C를 다음과 같이 표현함으로써,

$$C=\{a+bi \mid a,\ b \in \mathbf{R}\}$$

C와 실수의 순서쌍 $(a,\ b)$들의 집합이 정확하게 일대일로 대응됨을 볼 수 있다.

그런데, 평면과 실수의 순서쌍 사이의 이 일대일 대응은 연산 구

조를 대수적으로 표현하는 데 도움이 된다. 평면 위의 점 $z=x+yi$
와 $w=u+vi$ (단, $x, y, u, v \in \mathbf{R}$)의 덧셈은 다음 식처럼 표현이 된다.

$$
\begin{aligned}
z+w &= (x+yi)+(u+vi) \\
&= x+yi+u+vi \qquad \text{덧셈의 결합 법칙} \\
&= (x+u)+(yi+vi) \qquad \text{덧셈의 결합, 교환 법칙} \\
&= (x+u)+(y+v)i \qquad \text{분배 법칙}
\end{aligned}
$$

한편 곱셈에 대해서도 비슷한 계산이 가능해서 다음과 같음을 알
수 있다.

$$
\begin{aligned}
z \cdot w &= (x+yi) \cdot (u+vi) \\
&= (x+yi) \cdot u + (x+yi) \cdot vi \qquad \text{분배 법칙} \\
&= x \cdot u + yi \cdot u + x \cdot vi + yi \cdot vi \qquad \text{분배 법칙} \\
&= xu+yui+xvi+yvii \qquad \text{곱셈의 교환 법칙} \\
&= xu+yui+xvi-yv \qquad i^2=-1 \text{임을 이용} \\
&= (xu-yv)+(yu+xv)i \qquad \text{덧셈의 결합 법칙, 교환 법칙, 분배 법칙}
\end{aligned}
$$

여기서 이미 거론한 (그러나 증명을 완전히 하지는 않은) 각종 연산
의 성질들이 핵심적으로 이용되는 것을 확인할 수 있다.

사실 연산법칙들을 체계적으로 다루는 가장 중요한 이유가 이런

종류의 계산을 쉽게 해주기 때문이다. 정리하자면, 실수의 순서쌍들에 주어진 연산으로 보았을 때는 복소수의 덧셈이 다음의 식이 될 것이다.

$$(x, \ y) + (u, \ v) = (x+u, \ y+v)$$

곱셈은 다음처럼 표현된다.

$$(x, \ y) \times (u, \ v) = (xu-yv, \ yu+xv)$$

이렇게 하여 복소수 체계를 실수의 순서쌍들의 집합에 주어진 연산으로 생각하는 것이 흔히 한국의 고등학교 교과과정에서 만나게 되는 관점이다.

비록 이러한 연산, 특히 C에서의 곱셈이 언뜻 복잡해 보이지만, 익숙해지면 이러한 계산들은 기계적으로 수행이 가능한 것임을 알 수 있다. 기하학적인 이해가 필요한 화살과 그것의 크기 및 방향 대신 이런 대수적인 방식을 사용함으로써 우리는 연산들을 체계적이고 순차적으로 계산해낼 수 있다. 특히 주어진 명령을 순차적으로 실행하는 데 익숙한 기계인 컴퓨터를 사용하여 연산하고자 할 때에는 이 방법은 아주 유용하다.

독자들에게 비교적 재미있는 연습문제를 하나 제시할까 한다. 다음 등식을 확인해보라. 어떻게 풀어나갈 수 있을까?

$$\left(-\frac{1}{2}+\frac{\sqrt{3}}{2}i\right)^{3}=1$$

시공간의 구조와 복소수

복소수 체계가 발견된 것은 16세기 중반에 대수방정식의 근을 공부하다가 일어난 일이었다고 한다. 그러나 비교적 단순한 양을 표현하는 실수 체계와는 달리 복소수의 개념적인 의미는 오랫동안 수학자들도 어렵게 생각했던 것 같다. 그 때문에 어떤 복소수는 진짜로는 존재하지 않는다는 뜻으로 '허수'라고 부르곤 했다. 물론 이어려움은 '수'라는 것을 꼭 '양(量)'으로 생각하려는 고집 때문에 일어났다.

복소수가 진정한 수 체계로 받아들여진 것은 복소수가 자연계에서 발견된 20세기부터가 아닌가 싶다. 특히 물질의 미세 구조를 묘사하는 양자역학은 복소수 없이는 불가능한 이론이다. 양자역학에 의하면 물리적인 시스템의 물리량들은 확실하게 값이 정해지지 않고 그것의 어떤 확률적인 분포밖에 알 수 없다고 한다. 가령 어떤 고정된 상태의 전자가 있을 때 그것의 위치는 일반적으로 확률적인 분포 $p(x)$만을 가졌다. 그러니까 그 상태에서 위치가 x가 될 확률이 $p(x)$라는 이야기다.

그런데 사실 분포함수는 어떤 복소값을 취하는 함수 $\psi(x)$로 부터 크기제곱 $|\psi(x)|^2$을 함으로써 얻어진다. 즉, $p(x)=|\psi(x)|^2$이다. 결국 관심있는 양이 $|\psi(x)|^2$이더라도 원래의 복소수 분포 $\psi(x)$를 모르면 물체의 운동 법칙조차 파악할 수 없다는 것을 양자역학, 특히 전자의 운동을 기술하는 슈뢰딩거의 방정식이 우리에게 말해주고 있다.

복소수를 공부하고 나면, 평면을 넘어서서 3차원 공간에도 연산을 정의할 수 있는지, 혹은 4차원 시공간의 연산이 가능한지 의문이 든다. 이는 무척 자연스러운 질문이다. 지금까지의 논의를 일반화하면 덧셈은 항상 쉽게 정의된다*. 좌표를 이용해서** 표시한 3차원 공간 점의 덧셈은 다음의 식이 된다.

$$(a_1,\ a_2,\ a_3)+(b_1,\ b_2,\ b_3)=(a_1+b_1,\ a_2+b_2,\ a_3+b_3)$$

진정한 어려움은 곱셈에서 발생한다. 공간상에 정의된 가장 잘 알려진 곱셈은 3차원 벡터곱이다. 이는 좌표를 이용해서 표현하면 다음과 같은 연산이다.

---

* 그림으로 나타내기는 점점 어려워진다.
** 이제는 더 이상의 설명없이 n차원 공간의 점들을 좌표를 이용해서 $(a_1, a_1, \cdots, a_{n-1}, a_n)$ 등으로 나타내는 표기법을 쓴다.

$$(x, y, z) \times (u, v, w) = (yw - zv, zu - xw, xv - yu)$$

이 곱셈을 이용해서 공간상의 점을 수 체계로 간주할 수 있다. 단지 이 곱셈의 단점 중 하나는 임의의 점 (x, y, z)를 제곱하면 항상 원점, 즉 점 $(0, 0, 0)$이 된다는 것이다. 즉, 수식으로 표현하면 다음이 된다.

$$(x, y, z) \times (x, y, z) = (0, 0, 0)$$

특히 0이 아닌 수들의 곱이 0이 되는 이러한 현상은 근본적으로 나눗셈을 불가능하게 한다.

4차원 시공간에는 오히려 꽤 괜찮은 곱셈이 정의되어 덧셈과 함께 사원수(Quaternion) 체계라 불리는 수 체계를 이룬다.

$$
\begin{aligned}
(a, b, c, d) &\times (a', b', c', d') \\
= (ad' &- bb' - cc' - dd',\ ab' + ba' + cd - dc',\ ac' + ca' + db' - bd', \\
&ad' + da' + bc' - cb')
\end{aligned}
$$

좌표로 이 곱셈을 나타내면, 위처럼 나타난다. 언뜻 보기에 꽤 복잡한 모양을 갖추고 있다. (덧셈은 무엇일까?) 사실 이 곱셈은 각종 자연스러운 기하학적인 묘사가 가능하지만, 그 내용은 다음 기회로 미루기로 하자. 그런데 사원수 역시 허점을 하나는 가지고 있다. 사원수 곱셈에서는 교환법칙이 성립하지 않음을 금방 확인해볼 수 있다. 하지만 좋은 성질 하나는 임의의 0=(0, 0, 0, 0)이 아닌 사원수는 곱셈에 대한 역원을 가지고 있어서 사원수 체계 내에서는 나눗셈이 가능하다는 것이다. 연습 삼아서 (0, 0, 0, 0)이 아닌 원소 (a, b, c, d)의 역원을 찾아보라. 또 하나 사원수의 재미있는 점은 이 체계가 앞서 살펴본 복소수 체계를 여러 가지로 포함하고 있다는 것이다. 예를 들자면 특정한 꼴의 원소들의 곱셈인 등이 복소수의 곱셈을 재현하고 있는 것이 보인다.

$$(a,\ b,\ 0,\ 0)(a',\ b',\ 0,\ 0)=(aa'-bb',\ ab'+ba',\ 0,\ 0),\ \text{혹은}$$
$$(a,\ 0,\ c,\ 0)(a',\ 0,\ c',\ 0)=(aa'-cc',\ 0,\ ac'+ca',\ 0)$$

물리학자 가운데는 시공간의 구조에서 복소수와 사원수 둘 다 핵심적인 역할을 한다는 주장을 하는 사람들도 있다. 가령 끈이론 (String Theory)에서는 보통의 양자역학 이상으로 복소수에 근원한 기하학이 필요하다. 사원수 구조가 전자의 스핀이론 혹은 로저 펜로스(Roger Penrose)의 트위스터 이론(Twistor Theory)에서 시공간의 일종의 대칭성을 표현하기도 한다. 그러나 시공간점들을 직접 사원수로 보려는 노력은 대체로 지금까지 성공적이지 못했다. 시공간의 점을 더하고 곱하고 하는 작업이 물리적 의미가 있기를 기대하는 것 자체가 이상하기도 할 것이다. 그러나 2장에서 본 입자의 연산에 입각해서 생각해보면 궁극적으로는 그 역시 일종의 입자로 만들어져 있어야 하는 시공간의 점들도 수 체계를 이룬다는 것이 아주 자연스러울 수도 있다.

5장

군의 개념과
갈루아 이론이
해낸 업적

수학에서 가장 중요한 개념 중 하나 '군'

지난 장들에서 우리는 수가 무엇인지 묻는 질문에 대한 답으로서 피타고라스의 '모든 것이 수다'라는 주장을 살펴보았고, 이를 '연산 가능한 것이 수다'라는 답변에 비추어 세상에 존재하는 다양한 수에 대해 살펴보았다. 특히 직선과 평면의 점들을 기하학적으로 자연스럽게 연산하는 방법을 정의하여 이것이 우리에게 친숙한 실수나 복소수 등의 수 체계와 연관되어 있음을 살펴보았다. 결국 지금까지 우리는 근본적으로 공간을 표현하는 과정에서 나타나는 수를 강조하였다.[*] 이러한 관점, 즉 공간과 그 공간에 정의된 자연스러운 연산을 표현하는 것으로서 수를 이해하는 것은 무척 흥미롭다. 이뿐만 아니라 추상적인 수의 세계를 시각적인 직관을 많이 반영할 수 있는 기하학적인 공간을 통해 살펴본다는 점에서 유용한 관점이기도 하다.

이러한 관점을 강조하다 보니 한편으로는 수의 또 다른 면모를

---

[*] 전문용어로 표현하자면 공간을 '좌표화'하는 과정을 이야기하는 것이다.

조금은 등한시한 것 같다. 여기에서는 먼저 이러한 수의 또 다른 면모, 즉 좀 더 간단하고 기본적인 수들에서 출발하여 복잡한 수들이 만들어지는 과정을 논의하려고 한다. 이러한 확장에 가장 중요한 역할을 하는 것이 **다항 방정식**이다.

다항 방정식이 무엇인지 살펴보고 논의하기 위해서는 먼저 다항식이 무엇인지 알아야 한다.

다항식(多項式, Polynomial)이란 x, y 등으로 표기하는 미지수와 이미 알고 있는 수인 계수로 이루어져 있고 덧셈, 뺄셈, 곱셈으로만 이루어진 식을 뜻한다. 이 책에서는 미지수가 하나인 다항식만을 다루도록 한다. 가장 일반적인 다항식의 형태는 다음과 같이 표현 가능하다.

$$a_n x^n + a_{n-1} x^{n-1} + \cdots + a_1 x + a_0$$

위 식에서 x가 바로 값이 결정되지 않은 미지수이고, x와 그것의 거듭제곱 앞에 붙어 있는 수들인 a_n, $\cdots\cdots$, a_0은 계수라 불리며 이미 알고 있는 수, 즉 이미 알고 있는 수 체계 안에 들어 있는 수이다. 다항 방정식이란 식에 등호("=")가 들어간 등식으로서, 등호의 오른쪽과 왼쪽 모두 다항식으로 이루어진 식을 뜻한다. 예를 들어 다음 등식을 살펴보면,

$$x^2+8x+1=4x$$

등호가 있는 것을 확인할 수 있으며, 등호의 왼쪽 식(좌변)과 오른쪽 식(우변) 모두 다항식으로 이루어져 있는 것을 확인할 수 있다. 이러한 식이 바로 다항 방정식이다.

다항 방정식이 하나 주어지면, 보통 다항 방정식의 우변에 있는 모든 항을 왼쪽으로 옮겨 생각할 수 있다. 예를 들어 위의 다항 방정식의 경우 우변에 있는 $4x$를 좌변으로 옮겨주기 위해 등호의 양쪽 변에 $-4x$를 더한다. 그러면 위 다항식의 좌변은 다음 같은 결과가 나온다.

$$x^2+8x+1-4x=x^2+4x+1$$

한편, 우변은 0이 되어, 다음과 같은 다항 방정식을 얻는다.

$$x^2+4x+1=0$$

따라서 가장 일반적인 다항 방정식은 다음과 같은 형태를 갖는다.

$$a_nx^n+a_{n-1}x^{n-1}+\cdots+a_1x+a_0=0$$

타원곡선을 논의하며 잠깐 언급했었던 것과 같이, 이러한 방정식을 만족하는 x의 값을 찾는 문제는 수학 그 자체의 역사라 할 수 있을 정도로 수학에서 가장 근본적이고 오래된 문제이다. 특히 한 수 체계에서 더 큰 수 체계로 수 체계를 확장할 때 다항 방정식이 무척 중요한 역할을 하는데, 이것에 관해 살펴보도록 하겠다.

가장 기본적인 수는 물론 1, 2, 3, ……과 같이 실제로 세는 데 사용하는 자연수다. 이 자연수들은 뺄셈과 나눗셈을 자유롭게 하기 위해 정수와 유리수로 확장된다. '뺄셈과 나눗셈을 자유롭게 하기 위해서'라니? 자연수에서도 예를 들어 $7-4=3$이라든지 $18 \div 9 = 2$라든지 하는 뺄셈과 나눗셈을 하고 있지 않은가? 하지만 자연수 안에서는 $2-9$라든지 $5 \div 14$ 등의 뺄셈과 나눗셈의 답을 찾을 수는 없다. 이러한 뺄셈과 나눗셈을 완전히 수행하기 위해서는 자연수를 확장하여 정수와 유리수 등으로 우리가 인식하는 수의 범위를 확장하여야 한다.

여기에서 우리가 살펴볼 수 있는 것은 이 확장의 경우에도 다항 방정식이 숨어 있다는 점이다. 예를 들어 뺄셈 $2-9$를 생각해 보자. 이 뺄셈의 답을 우리가 모르는 미지수 x로 두자.

$$2-9=x$$

양변에 9를 더하면 위처럼 쓸 수 있는 다항 방정식을 얻는다.

$$x + 9 = 2$$

마찬가지로, 나눗셈 5÷14의 답을 구하는 것은 결국 다음과 같은 다항 방정식의 해를 찾는 것과 같은 것임을 알 수 있다.

$$14x - 5 = 0$$

결론적으로 자연수의 계수를 갖는 일차 다항 방정식*의 해는 유리수 체계 안에서 모두 찾을 수 있고, 이러한 자연수 계수의 일차 다항 방정식의 해를 찾을 수 있는 수 체계 중 유리수 체계는 가장 작은 수 체계이다. 이렇듯 다항 방정식을 통해 수 체계를 확장할 수 있다는 사실은 유리수 체계보다 더 큰 수 체계를 이루는 데 중요한 역할을 한다.

한편, 제논과 코시의 노력에도 불구하고 유리수 체계와 실수/복소수 체계 사이에는 엄청나게 큰 간극이 있음을 느낄 수 있을 것이다. 유리수까지만 해도 비교적 뜸하게 분포된 이산적인 구조인 반면 실수와 복소수는 직선과 평면을 꽉 채우는 연속적인 구조이기

---

* 뒤에서 자세히 다항식, 또는 다항 방정식의 차수를 정의하겠지만, 일차 다항 방정식은 미지수 x의 거듭제곱 이상의 항이 나타나지 않는 대수적 방정식을 뜻하는 것으로 생각하면 된다. 즉, $x^2, x^3, \cdots$의 형태가 방정식에 들어 있지 않은 방정식을 일차 다항 방정식이라 한다.

때문이다.[*] 그 간극을 수 이론의 입장에서 체계적으로 이해하려는 노력은 현재도 계속되고 있고, 그중의 핵심적인 부분이 대수적 정수론이라는 한 분야로 개발되기도 했다.

대수적 수란 정수 계수 대수적 방정식의 근을 말한다. 예를 들어 $\sqrt{2}$는 정수 계수 방정식 $x^2-2=0$의 근이고, $\sqrt[3]{2}$, $\sqrt{-1}$은 각각 방정식 $x^3-2=0$과 $x^2+1=0$의 근에 해당한다. 하지만 더 나아가서 임의의 방정식, 예를 들어 아래와 같은 방정식이 주어져 있다고 하자.

$$37x^7+6x^3-4x^2+11x+97=0$$

위 식의 해들도 모두 대수적인 수다. 그러나 계수들이 정수이기 때문에 대수적인 수들의 집합은 유리수의 범주를 벗어나면서도 이산적인 면을 여전히 강하게 띠고 있음을 느낄 수 있을 것이다.[**]

---

[*] 유리수들을 실직선 상에 위치시키는 경우 그 모양이 정수들을 위치시킨 경우와는 달리 결코 띄엄띄엄하지 않다는 반박도 가능하고, 이것도 물론 가능한 관점이다. 그럼에도 유리수 집합은
$$1,\ -1,\ 2,\ -2,\ \frac{1}{2},\ -\frac{1}{2},\ 3,\ -3,\ \frac{1}{3},\ -\frac{1}{3},\ \frac{2}{3},\ -\frac{2}{3},\ \frac{3}{2},\ -\frac{3}{2},\ \cdots$$
식으로 적당히 배열하면 전체를 하나하나 세어나가는 것이 가능하다. (중복이 일어나지 않도록 약간의 조심이 필요하다) 하나씩 세어서 나열할 수 있다는 사실 자체가 근본적으로 자연수 집합과 크기가 같다는 것이다. (이 점에 대해서 자세히 생각해보기를 권장한다) 그러나 직선상의 모든 점은 하나씩 세어 나열하는 것이 불가능하다는 사실을 독일의 수학자 칸토르(G. Cantor, 1845~1918)가 1874년에 증명하여 시공간에 대한 우리의 과학적 직관을 체계화하는 데 성공했다.

[**] 앞의 각주에서 유리수들을 하나하나 나열하여 세어나갈 수 있다고 하였는데, 대수적인 수들도 이와 마찬가지로 나열할 수 있다. 즉, 대수적 수들을 모두 모아 놓은 수 체계는 자연수 집합과 그 크기가 같다.

그런데 놀랍게도 대수적 수의 공부가 체계적으로 발전하기 시작한 지 얼마 되지 않은 19세기 초에 대수적 수의 개념은 기하학적인 **대칭성**과 연결되어 또 하나의 중요한 수학적 구조, 군의 발견을 초래하였다. '군'은 수학 전체에서 가장 중요한 개념 중 하나이며, 수학을 넘어 물리학과 같은 인접 분야뿐 아니라 사회과학 등 수학과는 거리가 있다고 생각되어 왔던 학문 분야들에도 그 영향력을 미치고 있다. 이번 장에서는 군의 개념을 소개한 뒤 수 이론과의 연결점을 간략하게 설명하고자 한다.

군을 엄밀히 정의하기에 앞서, 먼저 '연산'의 개념을 복습해보자. 연산이 정의되기 위해서는 먼저 바탕이 되는 집합을 고정하여야 한다. S를 집합이라고 하자. S에 정의된 연산이란 임의의 S의 두 원소 x와 y가 있을 때, 그 두 원소로부터 세 번째 원소 z를 이끌어내는 일련의 규칙이다. 좀 더 수학적인 용어로 바꾸어 표현해보자. 먼저 S의 임의의 원소 두 개로 이루어진 순서쌍들의 집합을 $S \times S$라 쓴다.

$$S \times S = \{(x, \ y) \, | \, x, \ y \in S\}$$

이렇게 쓸 수 있다. 예를 들어 다음과 같은 집합 S가 주어져 있다고 하자.

$$S = \{아킬레우스, \ 거북\}$$

그렇다면 S의 원소로 이루어진 순서쌍들의 집합 S×S는 다음과
같이 주어진다.

$$S \times S$$

=｛(아킬레우스, 아킬레우스), (아킬레우스, 거북), (거북, 아킬레우스), (거북, 거북)｝

이제 집합 S에 정의된 연산은 다음 함수를 뜻한다.

$$f : S \times S \rightarrow S$$

함수란 한 집합(여기서는 $S \times S$)의 각 원소에 또다른 집합(여기
서는 S)의 원소를 대응시키는 규칙을 뜻한다. 즉 위와 같은 함수
$f : S \times S \rightarrow S$가 주어져 있다는 것은 임의의 순서쌍 $(x, y) \in S \times S$
(단, x와 y는 S의 원소)가 주어졌을 때, 이로부터 S의 어떤 원소 z가
일련의 규칙에 따라 대응된다는 것이다. 이 원소 z는 순서쌍 (x, y)
로부터 함수 f를 통하여 얻어졌다는 뜻으로 $f(x, y)$로 표기한다. 특
별히 연산을 다룰 때에는 복잡한 함수 기호를 쓰지 않고 간단히 연
산을 뜻하는 기호 ∘ 를 이용하여 $z = x \circ y$와 같이 표현한다. 연산
을 뜻하는 기호 ∘ 는 일단은 아무 뜻도 없는 것으로서 주어진 집합
과 연산에 따라 덧셈이나 곱셈 등의 의미를 지니게 된다. 우리가 살
펴보려고 하는 군의 개념에서는 연산이 하나만 주어져 있으므로 본
질적으로는 연산이 덧셈인지 곱셈인지 중요하지 않으나, 만일 연산

이 두 개 주어진 구조를 생각할 때면 보통 분배법칙이 성립하는 모양에 따라 덧셈과 곱셈을 구분하였다.

이제 군을 정의하자. 어떤 집합 G가 군(群, Group)이라 하는 것은 G에 연산이 하나 주어져 있어 다음과 같은 세 가지 자연스러운 성질들을 만족하는 것을 뜻한다.

- **결합법칙.** 임의의 세 원소 a, b, $c \in G$에 대해 $a \circ (b \circ c) = (a \circ b) \circ c$를 만족한다는 뜻이다. 이는 여러 번의 연산을 수행할 때 괄호를 어떻게 치는지, 즉 어떤 부분의 연산을 먼저 수행하는지에 상관없이 같은 연산결과를 준다는 뜻이다.

- **항등원의 존재.** 항등원 $e \in G$가 존재하여 임의의 원소 $a \in G$에 대하여 $e \circ a = a = a \circ e$를 만족한다. 항등원은 직선이나 평면 연산에서 원점에 해당하는 원소로서 이 책 전반에 걸쳐 많이 등장하였다.

- **역원의 존재.** 임의의 원소가 역원을 가진다. a가 G의 한 원소라고 할 때, a의 역원이라 함은 또한 G의 원소 b로서, 등식 $a \circ b = e = b \circ a$를 만족하는 것을 뜻한다. 직선이나 평면에서의 덧셈 연산에서는 화살표의 크기를 그대로 하고 방향을 반대로 하여 얻어진 화살표가 역원이 되었다.

한편, 어떤 군 G가 연산에 대해 다음 추가적인 조건을 만족할 수 도 있다.

- **교환법칙.** 임의의 원소 a, $b{\in}G$에 대해 $a \circ b = b \circ a$이다. 즉, 순 서를 바꾸어 주더라도 연산 결과에는 영향을 끼치지 않는다.

군 G가 위의 교환법칙을 만족하면 **가환군**(Commutative Group), 또는 수학자 아벨(Niels Henrik Abel, 1802~1829)의 이름을 따 아벨 군(abelian group)이라 불린다.

닐스 헨리크 아벨

연산을 하는 데에 있어 그 순서에 상관없음을 천명하는 이 규칙 이 무척 당연한 것이라고 생각할 수도 있지만[*] 일반적인 연산을 생

---

[*] 실제로 우리에게 친숙한 많은 연산들이 교환법칙을 만족한다.

각할 때는 이 규칙이 항상 성립하라는 보장은 없다. 우리에게 친숙한 실수에서의 덧셈과 곱셈은 모두 교환법칙이 성립하기 때문에 연산의 순서가 상관없다. 그러나 모든 연산이 이러한 가환성(Commutativity)을 만족하는 것은 아니다. 이는 일상생활에서 두 글자를 연달아 적어 단어를 만들 때에도 글자를 적는 순서가 중요한 것과 마찬가지이다. '지폐'라는 단어와 '폐지'라는 단어의 의미는 완전히 다르다.

군에는 어떤 예들이 있는지 살펴보자.

$$\mathbf{Z} = \{\cdots, \ -3, \ -2, \ -1, \ 0, \ 1, \ 2, \ 3, \ \cdots\}$$

위 정수 집합은 덧셈에 대하여 군이다. 이는 집합 Z에 연산을 주는 함수가 주어져 있으며,

$$+ : \mathbf{Z} \times \mathbf{Z} \to \mathbf{Z} \qquad (x, \ y) \longmapsto x+y,$$

이 연산에 대해 군이 되기 위한 위의 조건들을 만족한다는 것이다. 정말 그러한지 살펴보자. 결합법칙이 성립한다는 것은 임의의 세 정수 a, b, c가 주어져 있을 때, $(a+b)+c=a+(b+c)$가 성립함을 뜻한다. 어떤 세 정수를 더하는 상황에서, 앞의 두 정수를 먼저 더하고 그 뒤 세 번째 정수를 더하나, 맨 처음 정수에 뒤의 두 정수의 덧

셈 결과를 다시 더하나 마찬가지 결과를 준다는 것이다. 이는 당연하다.

독자들은 어렵지 않게 원소 0이 이 군의 항등원임을 확인할 수 있다. 내가 임의의 정수를 하나 가져왔다고 하자. 예를 들어, 내가 독자들에게 3이라는 정수를 하나 주었다고 하자. 그러면 0이 항등원이 된다는 것은 3+0과 0+3이 모두 다시 내가 처음에 준 수, 즉 3이 된다는 뜻이다. 이는 3뿐 아니라 임의의 정수에 대해서도 성립하므로, 원소 0이 항등원이 된다.

한편, 임의의 정수 $n \in \mathbf{Z}$의 (덧셈에 대한) 역원은 $-n$이 됨을 확인할 수 있다. 지금까지의 논의를 통해 우리는 정수 집합 $\mathbf{Z}$가 우리가 알고 있는 '보통의 덧셈'에 대해 군이 되는 것을 알 수 있다. 이뿐만 아니라 이 군은 정수들의 덧셈에서 $a+b$와 $b+a$가 같은 값을 준다는 것도 우리가 기억한다면 가환군이 되는 것을 쉽게 확인할 수 있다.

그렇다면 이 정수 집합에 연산을 곱셈으로 주면 어떻게 될까? 곱셈의 경우 1이 항등원이 됨을 확인할 수 있지만, 이 경우 군이 되지는 못한다. 군의 조건 중 세 번째인 임의의 원소에 대한 역원의 존재성을 만족시키지 못하기 때문이다. 이는 독자들에게 연습문제로 남긴다. (힌트: 예를 들어 2의 역원은 무엇인가?)

현대수학에서 가장 중요한 개념, 동형사상

이번에는 유리수 집합을 생각해보자.

$$Q = \left\{ \frac{a}{b} \mid a, \ b \in \mathbf{Z}, \ b \neq 0 \right\}$$

덧셈에 대하여서는 정수 집합과 마찬가지로 군이 된다는 사실을 확인할 수 있다. 곱셈에 대하여서는 어떠할까? 정수 집합이 곱셈에 대하여 군이 되지 못한다는 이야기를 했었는데, 이 경우, 예를 들어 원소 2가 역원을 갖지 못하였다. 2를 곱하여 항등원 1이 되도록 만들어주는 수를 2의 역수라 하고 $\frac{1}{2}$로 표기하는데, 이는 유리수 집합 안에 들어가 있으므로 2의 역원은 유리수 집합 안에 존재한다고 할 수 있다. 그러면 유리수 집합은 곱셈에 대해서도 군이 되는 것일까?

결론적으로 유리수 집합은 거의 군이 되지만 단 하나의 예외 때문에 군이 되지는 못한다. 그 예외란 바로 원소 0인데, 이 원소의 경우 역원이 존재하지 않는다. 만일 0의 역원이 존재한다면, 그 역원을 x라 두자. 역원의 정의에 의해 $0 \times x = 1$인데, 0에는 어떤 수를 곱하더라도 항상 0이 되므로 위 등식을 만족하는 x는 존재하지 않는다. 따라서 Q는 군이 되지 못하지만, 만일 우리가 Q에서 0만을 제외한다면,

$$Q^{\times} = Q - \{0\} = \{ x \in Q \mid x \neq 0 \}$$

이 집합은 곱셈에 대하여 군이 된다.

실수 집합 **R**과 복소수 집합 **C**를 생각하여도 상황은 유사하다. 실수 집합과 복소수 집합 모두 덧셈에 대하여 군이 되고, 공통적으로 0의 역원이 존재하지 않으므로 곱셈에 대하여는 군이 되지 못한다. 유리수 집합에서 0을 제외시켰던 것과 마찬가지로, 실수 집합과 복소수 집합에서 각각 0을 제외한 집합들인 $\mathbf{R}^\times$와 $\mathbf{C}^\times$는 곱셈에 대하여 군이 된다.

이번에는 양의 실수의 집합을 생각해 보자.

$$\mathbf{R}_{>0} = \{x \in \mathbf{R} \mid x > 0\}$$

잠시 생각해 보면 이 집합 또한 곱셈에 대하여 군이 된다. 한 가지 무척 중요한 사실은, 이 군 ($\mathbf{R}_{>0}$, ×)이 덧셈에 대한 실수들의 집합이 만드는 군 (**R**, +)와 '본질적으로 동일하다'는 점이다. 앞에서도 여러 번 언급되었던 '본질적으로 동일함'은 비록 개별 원소로서는 차이가 있으나[*] 군의 구조로서는 차이가 없다는 뜻이다. 수학적으로 이는 한 군에서 다른 군으로 가는 구조를 완전히 보존하는 함수의 존재로 설명할 수 있다.

---

[*] 이를테면 군 (**R**, +)에는 음의 실수가 있지만 ($\mathbf{R}_{>0}$, ×)에는 없는 등

$$f : \mathbf{R} \rightarrow \mathbf{R}_{>0}$$

자세히 말해, 위 함수를, $f(x)=2^x$로 정의하자. 함수의 정의역인 군 $\mathbf{R}$에서 군의 구조는 덧셈으로 두 원소 x와 y가 있을 때 $x+y$가 잘 정의되는데, 이를 함수를 통해 보내면 $f(x+y)=2^{x+y}=2^x\cdot2^y=f(x)\cdot f(y)$로서 덧셈이었던 정의역의 군 구조가 공역의 군 $\mathbf{R}_{>0}$의 곱셈이 됨을 관찰할 수 있다. 이러한 구조를 보존하는 함수가 만일 일대일 대응함수이면, 즉 정의역의 한 원소가 빠짐없이 공역의 한 원소와 정확하게 대응되면, 우리는 이러한 함수를 동형사상(同型寫像, isomorphism)이라 부른다.

동형사상의 개념은 단언컨대 현대수학에서 제일 중요한 개념이다. 특히 20세기 중반 이후의 현대수학이 기존의 수학과 큰 차이를 보이는 부분이 바로 이 점이라 할 수 있겠다. 이전의 수학에서는 군과 같은 대수적인 개개의 대상과 그 연산을 공부하는 데 천착하였다면 현대수학에서는 개별 대상을 넘어선 대수적인 구조를 더 중요하게 여겼다. 이에 따른다면 개별 원소들이 전혀 다른 군이 두 개 있다고 하더라도 집합을 군으로 만들어 주는 내적인 구조가 동일하다면 그 두 개의 군은 '같은' 것이라고 보는 것이 합당하다. 이때 서로 다른 두 대상을 같은 것으로서 인식하게 해주는 역할을 하는 것이 바로 동형사상인 것이다. 핵심이 구조에 있다면 그 핵심에는 동형사상의 개념이 있는 것이다.

이 동형사상의 개념은 수학을 넘어서서, 20세기 인문사회학의 구조주의 사조에도 큰 영향을 끼쳤다. 대표적으로는 인류학자 클로드 레비-스트로스를 들 수 있는데, 그의 열대 지방의 혼인 관습에 대한 연구에 군론과 동형사상의 개념을 적용한 것으로 유명하다.

한편 동형사상의 개념은 군에만 한정되지 않는다. 군은 연산이 주어진 집합의 한 예로서 연산이 한 개이고 적절한 조건들을 만족하는 것이었는데, 예를 들어 연산이 두 개 또는 그 이상이 주어진 집합도 생각할 수 있다. 그 경우에도 연산 구조를 보존하는 방식으로 정의된 함수를 동형사상이라 부른다. 그렇다면 연산이 전혀 주어지지 않은 집합에서의 동형사상은 무엇일까? 연산이 없으므로 집합의 '구조'는 결국 그 집합의 원소의 개수에 의해 정확히 결정되며, 이때 동형사상은 원소의 개수가 같은 두 집합 사이의 정확한 일대일 대응을 뜻한다.[*]

집합에서의 동형사상의 예를 한 가지 살펴보자. 우리가 생각할 집합은 다음의 두 집합이다.

---

[*] 현대 수학자들이 근간으로 삼고 있는 집합 이론에서는 집합들의 원소의 개수가 동형사상을 결정한다고 생각하기보다, 오히려 '원소의 개수'라는 개념 자체를 동형사상을 이용하여 정의하는 편을 선호한다. 예를 들어 다음 세 집합들을 생각하자.

{아킬레우스, 거북, 파리스} {1, 2, 3} {♡, ♠, ◇}

이들 사이에는 완전한 일대일 대응이 존재한다. 즉 위 세 집합 중 어느 두 개를 잡아도 일대일 대응을 찾을 수 있고, 집합 사이의 동형사상이 집합의 모든 구조적 성질을 보존하므로 구조적 성질의 하나인 '원소의 개수' 자체도 보존된다고 생각하는 것이다. 나아가 이를 통해 '3'이라는 수를 위의 집합들과 동형사상인 모든 집합들의 모임 그 자체로 생각하는 어마어마한 '정의'도 가능하다.

$$A = \{아킬레우스, 거북, 파리스\}$$
$$B = \{1, 2, 3\}$$

두 집합은 모두 원소의 개수가 세 개이다. 이 두 집합 사이의 동형사상은 어떤 것들이 있을까? 언급하였듯이 집합은 연산 구조가 전혀 없으므로 동형사상은 단순한 일대일 대응이 된다. 이 두 집합 A와 B 사이의 일대일 대응이 몇 개 있는지 확인해보자. 함수 $f : A \to B$가 일대일 대응이라면, 이 함수는 A의 원소 '아킬레우스'를 B의 원소인 1, 2, 3 중 한 개로 보낸다. 이때 가능한 가지수는 3이다.

아킬레우스가 어느 수에 대응되는지 정해지면, 이번에는 거북을 대응시킬 차례다. 1, 2, 3 중 하나는 아킬레우스와 이미 대응하고 있으므로, 거북이 대응될 수 있는 원소는 두 개가 남았다. 아킬레우스와 거북이 모두 B의 원소와 대응되었다면, 이번엔 파리스가 남아 있다. 그러나 파리스가 대응될 수 있는 원소는 아킬레우스와 거북이 대응되지 않은 유일한 한 가지뿐이다. 따라서 아킬레우스가 대응될 수 있는 원소의 경우의 수 3, 거북이 대응될 수 있는 원소의 경우의 수 2, 파리스가 대응될 수 있는 원소의 경우의 수가 1이므로 총 가능한 가지수는 $3 \times 2 \times 1 = 6$개가 된다.

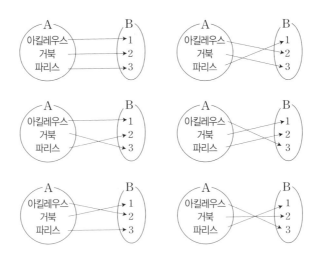

두 집합 *A*와 *B*사이의 가능한 모든 동형사상

꼭 서로 다른 두 집합들 간의 동형사상만 생각할 이유는 없다. 집합 *A*로부터 자기 자신인 집합 *A*로 가는 동형사상을 특별히 자기동형사상(自己同型寫像, Automorphism)이라 부른다. *A*의 자기동형사상은 모두 몇 가지가 있을까? 함수의 공역이 위 집합 *B*에서 *A*로 바뀌었다는 차이가 있지만 원소의 개수가 동일하므로 앞 단락의 논의와 아무 차이가 없음을 알 수 있고, 따라서 자기동형사상도 6개가 있는 것을 확인할 수 있다.

일반적으로 *S*를 어떤 집합이라고 하자. 앞에서 살펴보았던 것처럼 *S*에서부터 자기자신으로 가는 자기동형사상들을 생각할 수 있는데, 이들을 모두 모아놓은 집합을 *G*로 표기하자.

$$G = \{ f : S \to S \mid f \text{는 동형사상, 즉 일대일 대응} \}$$

이러한 식을 생각한다. 간단하면서도 중요한 점은 G에는 '함수의 합성'이라 불리는 연산이 하나 주어져 있다는 것이다. f와 g가 G의 원소, 즉 S에서 자기 자신으로 가는 동형사상이라 하자. 이때 우리는 연산 $g \circ f$를, 두 동형사상의 합성으로 정의한다. 다시 말해 x가 S의 원소일 때, $(g \circ f)(x) = g(f(x))$, 즉 x를 먼저 f를 통해 보내진 원소 $f(x)$를 다시 g를 통해 보내 얻어진 원소가 x의 $g \circ f$의 값이 되도록 정의한 것이다.

위 집합 G에 이러한 합성 연산을 같이 생각하였을 때, G는 군이 된다. 이 군은 군들의 이론, 군론에서 가장 중요하게 다루어지는 군 중 하나로서, 대칭군(Symmetric Group)이라 불린다. 특히 S가 유한집합일 때, 이 집합으로부터 만들어진 대칭군 G는 S의 원소들을 아무런 제약 없이 자리 바꾸기하는 방법을 담고 있다.

이러한 자리 바꾸기에 특별한 제약을 추가할 수도 있다. 예를 들어, 먼저 집합 $X = \{P, Q, R, S\}$를 생각하자. 이 집합은 네 개의 원소를 가진 집합으로서, 아까와 같은 방식으로 자기동형사상의 개수를 구해 보면 $4 \times 3 \times 2 \times 1 = 24$개의 자기동형사상이 있음을 확인할 수 있다. 이들의 집합을 종전과 같이 G로 두자.

$$G = \{ f : X \to X \mid f \text{는 자기동형사상} \}$$

여기에 이러한 자기동형사상들에 약간의 제한 조건을 추가해보자. 집합 X의 원소들인 P, Q, R, S가 아래 그림과 같이 한 정사각형의 꼭짓점을 나타내는 기호라고 생각하자.

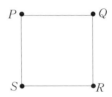

꼭짓점이 P, Q, R, S인 정사각형

이제 X의 자기동형사상 중, 이 정사각형의 모양을 그대로 보존하는 사상만을 생각하자.

$H = \{ f : X \to X \mid f$는 자기동형사상이며, 정사각형의 모양을 그대로 보존$\}$

다시 말하자면 H의 원소인 자기동형사상은 사각형에서 연결된 점을 연결된 점으로 보내는 사상이다. 예를 들어 어떤 자기동형사상 f가 H의 원소라 하자. 만일 원소 P를 자기 자신으로 보냈다면, 즉 $f(P)=P$였다면, 원소 Q는 f에 의해 나머지 원소들인 Q, R, S 중 아무런 한 원소로 보내져야 할 테지만 $f(Q)=R$일 수는 없다. $f(Q)=$R인 경우 사각형의 변이었던 $\overline{PQ}$가 대각선인 $\overline{PR}$로 보내지게 되고, 이는 사각형의 모양을 훼손하기 때문이다.

다른 말로 하면 변으로써 연결된 P와 Q가 변으로써 연결되지 않은 P와 R로 보내지기 때문에 이러한 자기동형사상은 H에 들어 있을 수 없다.

다음 두 가지 명제는 사실이나, 증명은 연습문제로 독자들에게 남긴다.

- H의 원소의 개수는 8개이다.
- H는 합성 연산에 대해 군이 된다.

G와 H의 관계에 대해 살펴보자. H의 모든 원소는 기본적으로 자기동형사상이지만, 특수한 조건을 만족하는 자기동형사상들이다. 따라서 집합으로서 H는 G의 부분집합이다. 또한 G와 H 모두 군으로서, 군을 만드는 연산이 함수의 합성 연산으로서 같다. 이러한 경우 우리는 H가 G의 **부분군**(Subgroup)이 된다고 이야기한다.

수학적으로 중요한 군은 여러 가지가 있지만, 대략 두 가지로 분류하기도 한다. 방금 본 예들은 어떤 집합에 주어진 자기동형사상들로 이루어진 **사상군들**(Transformation Groups)이다. 또 한 가지는 근본적으로 수 체계와 비슷하지만 하나의 연산만 주어진 경우, 또는 여러 개의 연산 중 하나에만 치중할 때 만들어지는 군들이다. 이 두 종류 군들은 복잡한 상호 작용을 하면서 수학과 과학의 온 영역에 걸쳐 나타나게 된다.

이러한 두 번째 종류의 군의 예 중에 간단하면서도 중요한 것들이 나머지군이다. 자연수 n 하나를 정해놓고 다른 수를 n으로 나누었을 때 가능한 나머지들을 모아놓은 집합을 $\mathbf{Z}_n$이라고 부르자. 이들을 나머지 군이라 부른다. 예를 들자면 나머지 군에는 다음처럼 나타난다.

$$\mathbf{Z}_2 = \{0, \ 1\}, \ \mathbf{Z}_3 = \{0, \ 1, \ 2\},$$
$$\mathbf{Z}_{10} = \{0, \ 1, \ 2, \ 3, \ 4, \ 5, \ 6, \ 7, \ 8, \ 9\}$$

이 집합들에 주어진 연산은 단순히 일반적인 방법으로 더한 다음 n으로 나눈 나머지를 취하는 것이다. 가령 $\mathbf{Z}_3$에서의 연산은 $1+1=2, 2+1=0$ ($2+1=3$이 보통연산이지만, 3을 3으로 나눈 나머지는 0이기 때문이다), $2+2=1$, 등과 같이 하면 된다. $\mathbf{Z}_{10}$ 안에서의 연산은 $2+7=9, 2+8=0, 3+9=2$, 이런 식이다. 나머지 군 안에서 작업을 할 때 재미있는 현상이 여러 가지가 있다. 가령 $\mathbf{Z}_{10}$ 안에서는 $-7=3$이 된다. (왜일까?)

일상생활에서 나타나는 나머지 군의 가장 중요한 예는 우리가 사용하는 '시계'를 들 수 있다. 흔히 볼 수 있는 보통의 시계는 문자판에 숫자가 1부터 12까지 12개가 적혀 있다. 흥미로운 점은 시계에서는 12시를 지나고 나면 다시 1시가 된다는 점이다. 이는 시계에서의

'시간 덧셈'이 단순히 우리가 보통 사용하는 자연수에서의 덧셈이 아니라, 덧셈을 한 후 12로 나눈 나머지를 취하기 때문이다. 이에 따르면 12를 다시 12로 나눈 나머지는 0이므로 12＝0의 등식이 성립하는데, 이는 우리가 12시를 0시라고도 한다는 것을 생각해보면 이해하기 쉽다. 또 예를 들어 시계 위에서 11시의 8시간 후는 19시가 아니라 19를 12로 나눈 나머지인 7에 해당하는 7시가 된다. 정리하자면 우리가 사용하는 (24시간 체계가 아니라 12시간 체계에서의) 시계는 나머지 군 $\mathbf{Z}_{12}$와 동형사상이 존재하는 것이다!

또 하나의 예를 들어 보자면 이전 평면에서의 곱셈을 논의할 때 사용했었던 '각도'의 개념을 들 수 있다. 일상적으로 사용하는 60분법 각도 체계에서는 기준선을 중심으로 한 바퀴 돌아 제자리에 돌아온 각도를 360도로 정의하고, 이를 다시 360등분하여 '1도'를 정의하는 방식을 따르고 있다. 한 바퀴 돌아 제자리에 돌아오면 각도로서는 아무런 차이가 없는 것이기 때문에, 0도는 360도와 같고, 이는 다시 360도의 배수들인 720도, 1080도 등과 모두 같은 각도가된다. 이뿐만 아니라 음의 각도도 마찬가지로 이야기할 수 있는데, −360도의 경우 기준선에서 이전과는 반대 방향으로 한 바퀴 돌아온 각도이므로 다시 0도와 같은 각도가 된다. 이는 어떤 정수를 각도로 간주할 경우 360으로 나눈 나머지를 취한다는 말과 같은 것이다. 예를 들어 아래에 나열된 정수들은 모두 360으로 나눈 나머지가 같기 때문에, 다음 식처럼 나타난다.

$$\cdots = -700° = -340° = 20° = 380° = 740° = \cdots$$

따라서 각도를 생각할 때 (물론 정수 각도들만 생각하면) 우리는 나머지 군 Z_{360}을 생각하고 있는 것과 같다. 우리가 정의하였던 평면에서의 곱셈에서도 이렇듯 나머지 군의 개념이 숨어 있었던 것이다. 우리 주위에서 나머지 군의 개념이 사용되고 있는 또 다른 예는 어떤 것들이 있을까? 독자들도 한 번 찾아보기 바란다.

아름답고 강력한 '갈루아 이론'

군론의 언어를 소개한 상태에서 다시 수에 대한 이야기로 돌아가보자. 평면 위에 방정식 $z^3 = 8$을 만족하는 모든 z값들을 나타낼 수 있을까? 우선 $z = 2$가 위 방정식을 만족하는 한 해임을 금방 알 수 있다. 이 값 $z = 2$는 또한 방정식 $z^3 = 8$의 유일한 실수 해가 된다. 다른 해도 모두 찾아보자. P가 위 방정식을 만족시키는 평면 위의 점이라 하자. P의 크기를 $p = |P|$라 두고, P의 방향각을 θ라 두자. 평면 위의 곱셈의 정의에 따라 생각해 보면, p는 $p^3 = 2$를 만족시키는 실수이므로 $p = 2$일 수 밖에 없고, 또한 3θ는 360의 배수가 된다.

따라서 0도와 360도의 범위에서 가능한 θ를 모두 찾아보면 $\theta = 0$이거나 120, 또는 240이 되는 것을 확인할 수 있다. 이에 따라 위 방정식의 해를 평면 위에 위치시켜 보면 아래 그림과 같이 평면의 원점을 중심으로 하고 반지름이 2인 원의 둘레에 모두 위치하게 되는 것을 알 수 있고, 또한 원 위에서 원 둘레를 정확하게 3등분 하는 점들에 위치되는 것도 확인할 수 있다.

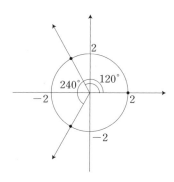

방정식 $z^3 = 8$을 만족하는 평면 위의 점들

위의 논의를 조금 일반화하면, 우리는 모든 제곱근들, 즉 $z^n = a$ (단, n은 자연수, a는 양의 실수) 꼴의 방정식을 만족하는 모든 해들을 평면 위에 위치시킬 수 있다. 특히 이 해들은 중심이 원점이고 반지름이 $\sqrt[n]{a}$, 즉 a의 유일한 양의 실수 n제곱근인 원 위에 같은 거리를 두고 위치해 있다. 이를 더 확장한 결과가 아래에서 설명할 대수학의 기본 정리이다.

정리4 (대수학의 기본 정리)

$$a_n x^n + a_{n-1} x^{n-1} + \cdots + a_1 x + a_0 = 0$$

위 임의의 다항식 (단, 모든 a_0, a_1, $\cdots\cdots$, a_n은 복소수)은 복소수 수 체계 C 안에서 해를 갖는다.

이 정리에 대한 증명은 주로 기하학적인 방법을 사용한다. 일반적인 교육과정상 위 정리와 그 증명은 대학교 수학과 2학년, 또는 3학년쯤에서 배우게 된다.

한편, 위 정리에 따라 이제 우리는 임의의 다항식이 주어졌을 때 그 해가 C 안에서는 무조건 존재한다는 사실을 알게 된다. 이렇게 해의 존재성이 완전히 보장되어 있고, 해의 몇몇 성질들 또한 이 존재성과 다항식의 성질에 따라 이끌어낼 수 있다 하더라도, 실제로 해를 찾는 것은 일반적으로 무척 어렵다. 위와 같은 다항 방정식이 하나 주어졌을 때, 가장 간단하게 그들을 분류하는 방법은, 다항식의 차수(Degree)를 생각하는 것이다. 차수가 무엇인지 잠시 정의를 내린 다음, 차수에 따라 방정식들을 분류하고 해를 찾는 방법에 대해 살펴보려고 한다.

정식으로 정의하자면 다항식 $f(x)=a_n x^n+a_{n-1}x^{n-1}+\cdots+a_1 x+a_0$가 주어졌을 때, f의 차수란 그 계수 a_k가 0이 아닌 최대의 k이다. 예를 들어, 우리에게 $f(x)=x^6+x+7$로 정의된 다항식 f가 있다면, f의 차수는 6이다. 6차항 x^6의 계수가 1이 되어 0이 아니고, 6보다 큰 자연수 k에 대해서는 x^k항이 없어서 그 계수가 0이 되기 때문이다. 약간의 연습을 해 보자. 다음 다항식들의 차수는 얼마일까?

- $f(x)=4x+3$
- $f(x)=100x^{100}+99x^{99}+\cdots\cdots+2x^2+x$
- $f(x)=0x^2+x+1$

 가장 간단한 형태의 다항식은 무엇일까? 단순하고 별로 재미없는 차수 0인 다항식, 즉 상수 하나로 이루어진 다항식을 제외하면, 가장 간단한 꼴의 다항식은 $f(x)=ax+b$꼴로 쓸 수 있는 차수가 1인 다항식이다. (단, 차수가 떨어지는 것을 방지하기 위해 $a\neq0$이라 가정한다.) 이 다항식으로 만들어진 방정식 $f(x)=0$의 경우, 방정식의 양변에서 b를 빼주고 이것을 다시 0이 아닌 a로 나누어주면, 우리는 어렵지 않게 $x=-b/a$를 얻는다. 이 경우 무척 손쉽게 해를 찾아낼 수 있지만, 사실 이 간단한 다항식도 쉬운 것은 결코 아니다! 이 장 처음의 논의를 다시 떠올려보면, 우리는 차수 1인 다항식의 해를 찾기 위해 '유리수 체계'라는 어마어마한 체계를 필요로 했었다!

 차수가 2인 다항 방정식은 어떻게 해결할 수 있을까? 차수가 2인 다항식 $f(x)=ax^2+bx+c$가 주어져 있다고 하자. 보통 중고등학교에서는 이러한 방정식의 '근의 공식'을 다룬다. 근의 공식이란 다항 방정식이 주어져 있을 때 그 다항식의 계수를 입력으로 받아 덧셈, 뺄셈, 곱셈, 나눗셈의 사칙연산과 다양한 제곱근을 구하는 연산만을 사용하여 방정식의 해를 완전히 구해내는 방법을 뜻한다. 차수가 2인 이차방정식의 경우 우리는 근의 공식을 알고 있다.

다항식이 $f(x)=ax^2+bx+c$로 주어져 있었다면, 방정식 $f(x)=0$ 의 두 근은 다음처럼 완전히 주어진다.

$$x_1=\frac{-b+\sqrt{b^2-4ac}}{2a}, \quad x_2=\frac{-b-\sqrt{b^2-4ac}}{2a}$$

3차 이상의 방정식의 경우 상황이 훨씬 복잡하다. 3차 방정식은 이탈리아 르네상스 시기 수학자 카르다노(Gerolamo Cardano, 1501~1576)에 의하여 근의 공식이 완전히 규명되었다. 식이 복잡하여 옮기지는 않지만, 관심 있는 독자는 한국어 위키백과의 '삼차 방정식' 항목이나 영문 위키백과의 'Cubic Function' 항목[*]을 참고하기 바란다. 4차 방정식의 경우도 근의 공식이 알려져 있는데, 이는 3차 방정식보다 훨씬 복잡한 형태를 갖는다.[**]

하지만 5차 이상의 다항 방정식에 대해서는 상황이 완전히 다르다. 5차 이상의 다항 방정식은 일반적인 근의 공식이 없다는 것이 수학자 에바리스트 갈루아(Évariste Galois, 1811~1832)에 의해 증명되었다.

[*] http://en.wikipedia.org/wiki/Cubic_function
[**] http://en.wikipedia.org/wiki/Quartic_function

에바리스트 갈루아, 15세 무렵 그의 친구가 그린 초상화라고 한다

    수학자 에바리스트 갈루아. 어쩌면 이 책에 등장하는 수학자들 가운데서 가장 독특한 인물일 것 같다. 먼저 그의 생년과 사망년도를 확인해보면 그가 20년 남짓 살아 무척 빨리 요절했음이 제일 먼저 눈에 띈다. 그가 서너 살 무렵이었던 1815년에는 프랑스의 황제였던 나폴레옹이 유배지에서 탈출하여 짧은 기간 다시 권력을 잡았으나, 워털루 전투에서 패배하여 남대서양의 세인트헬레나 섬으로 다시는 돌아오지 못할 유배를 떠났다. 이후 유럽, 특히 갈루아의 모국인 프랑스는 빈 체제 아래 구질서를 수호하려는 세력과 프랑스 혁명으로 폭발적으로 성장한 민족주의, 자유주의적인 공화파 세력 간의 끊임없는 세력 다툼의 장이 되었다. 이러한 환경 속에서 갈루아는 급진적인 공화주의자로서 빈번히 체포되고 수감되기도 하는 등 격정적인 삶을 살았다. 이러한 그의 극적인 삶은 정치의 영역

뿐 아니라 수학적인 면에서도 마찬가지였다. 천재적인 수학적 능력이 있음을 어린 시절부터 스스로 깨닫고 있었지만, 그의 반항적인 기질 덕에 지금도 그랑제콜(Grandes Écoles)로 알려져 있는 프랑스의 고등 교육기관에 여러 차례 낙방하였다. 또한 아래에 설명할 다항 방정식에 관해 여러 편의 논문을 학계에 제출하였으나 거절당하고 원고가 분실되는 등의 다사다난한 일들을 겪었으며, 결국 그 논문은 그의 생전에는 출판되지 못하였다. 그는 아마도 정치적인 이유, 혹은 사랑하는 여인을 두고 벌어진 결투에 휘말려 짧은 생애를 급하게 마치고 말았다. 결투 직전 친구에게 보내는 편지에서 아마도 자신의 죽음을 직감한 듯 지금까지의 그의 수학적 연구를 간략히 정리하였는데, 갈루아는 그 편지를 당대의 최고 수학자들인 야코비(K. G. J. Jacobi)와 가우스에게 보여줄 것을 당부하면서, 그가 발견해낸 정리가 참인지가 아니라, 얼마나 중요한 업적인지 두 최고의 수학자들에게 평해 달라고 하였다.

갈루아가 20여 년의 짧은 생에서 인류에게 남기고 간 가장 값진 보물은 다음 정리의 증명일 것이다. 그는 이 증명을 위하여 앞서 거론했던 개념인 '군'의 개념을 정의하고 정식화하였다. 증명을 위해 그가 만든 이론은 '갈루아 이론'이라 불린다. 200년이 지난 현재, 군의 개념은 앞서 언급했던 것처럼 수학 전체에서 가장 중요한 개념이 되었으며 수학을 넘어 여러 인접한 학문 분야에까지 영향력을 발휘하고 있고, 갈루아 이론은 그 명료하고 단순하며 강력한 아름

다음으로 현대의 수학자들을 끊임없이 매혹하고 있으며, 아직까지도 풀리지 않고 있는 수많은 질문들을 우리에게 남겨주었다.

정리 5 (갈루아-아벨). 5차 이상의 다항 방정식은 일반적인 근의 공식이 없다.

갈루아가 어떻게 이 정리를 증명할 수 있었는지, 그 대강을 공부하려고 한다. 먼저 언급해두어야 할 것이 있다. 우선, 이런 종류의 정리의 증명은 무척 어렵다. 일반적으로 어떤 것이 '존재한다'거나 '가능하다'는 종류의 주장을 입증하는 것이 어떤 것이 '존재할 수 없다'거나 '불가능하다'고 하는 종류의 주장을 입증하는 것보다 어렵다. 예를 들어 생각해보자. 우리는 지난 장에서 무한소수에 대해 공부했었다. 무한소수는 특정한 수의 패턴이 계속해서 반복되어 나타나는 순환소수와 그러한 순환 패턴이 나타나지 않는 비순환소수로 나뉘어진다는 것도 언급했었다. 비순환 무한소수 중 가장 유명한 예시인 원주율 π, 즉 원에서 지름과 둘레의 길이의 비를 살펴보자. 끝없이 계속되는 소수지만, 워낙에 중요하고 유명한 수이다 보니 이론과 컴퓨터의 발전에 힘입어 소수점 아래 수많은 자리까지 계산된 수이다.* 이 수는 다음과 같이 시작하여 소수점 아래로 끝없이 진행된다.

---

* 2015년 5월 현재 최고 기록은 소수점 이하 13조 3천억 자리까지 계산한 기록이다.

$$\pi = 3.14159265358979323846264338327950288\cdots^*$$

이제 다음 주장을 생각해보자.

"π의 소수점 아래로 계속되는 무한한 숫자열에, 0이 100번 나오는 유한하고 특수한 숫자 패턴 $000\cdots0$이 π의 소수점 아래 어디에선가 등장한다."

이를 증명해야 한다고 생각해보자. 이는 '존재한다' 혹은 '가능하다'는 종류의 주장으로서, 이를 증명하기 위해서는, 정말로 힘들고 괴로운 일이겠지만, 이 패턴이 나타날 때까지 계산해보면 된다. 그러나 우리의 주장을 잠깐 바꾸어서, 그런 특정한 패턴이 나타나지 않는다고 주장하였으면 어떨까? 무척 특수한 패턴이기는 하지만 π가 무한히 계속되는 소수이므로 끝없이 계산하다보면 어디에선가 나타날 수도 있다. 따라서 이런 주장은 단순히 계산을 수 없이 많이 하는 것으로써는 증명될 수 없다. 불가능함을 증명하기 위해서는 현재 단계에서 한 단계 올라서서, 문제의 본질에 대한 깊은 성찰과 재해석이 필요한 법이다. 그리고 이러한 깊은 성찰과 재해석에서 새로운 개념이 출현하는 일은 전체 수학의 역사에서 상당히 흔한 모습이다. 갈루아는 5차 이상의 다항 방정식에서 근의 공식이 존재할 수 없음을 증명하기 위하여 이러한 '문제의 본질의 재해석'을 시

---

* 유타 대학의 수학자 피터 알프레드의 홈페이지에는 소수점 이하 10000자리까지의 π값이 나와 있다. www.math.utah.edu/~pa/math/pi.html 참조.

도하였으며, 이 과정에서 탄생한 이론이 바로 앞에서 기초적인 개념을 살펴보았던 군론이다.

이제부터는 갈루아가 어떻게 위 정리를 증명할 수 있었는지 살펴보고자 한다. 위 정리를 증명할 때,

$$f(x) = a_n x^n + a_{n-1} x^{n-1} + \cdots + a_1 x + a_0$$

가장 기본적인 아이디어는 위 다항식에 $G(f)$로 표기할 수 있는 군을 하나씩 대응시키는 것이다. 이를 현대수학에서는 방정식 f의 **갈루아 군**(Galois Group)이라 부른다. 좀 더 자세히 이 군에 대해 알아보자. 우리는 위의 대수학의 기본정리에 의해 $f(x)=0$의 해들이 복소수 안에 존재한다는 것을 안다. 이제 집합 $Z = \{z_1, \cdots, z_n\}$을 위 다항식의 해들의 집합이라고 하자. 이제 군 $G(f)$는 Z의 자기동형사상의 군 G의 부분군으로서, Z에서 Z로 가는 자기동형사상 가운데서 해들 사이의 대수적 관계를 모두 보존하는 것들을 모아놓은 것이라고 하자.

해들 사이의 대수적 관계란 무엇일까? 마치 우리가 앞서 사각형의 모양을 보존하는 자기동형사상들을 생각했었듯이, 해들이 수 체계 안에 살고 있으므로 수 체계의 대수적 구조를 보존하기를 원하는 것이다. 예를 들어, 우리의 다항 방정식이 $f(x) = x^4 - 2$로 주어졌다고 하자. 앞서 살펴보았던 바에 따르면 이 방정식의 해들은

모두 중심이 원점이고 반지름이 $\sqrt[4]{2}$, 즉 2의 양의 네제곱근인 원 위에 놓여져 있다. 복소수로 근들을 모두 표현하면, 근들의 집합 $Z=\{\sqrt[4]{2},\ \sqrt[4]{2}i,\ -\sqrt[4]{2},\ -\sqrt[4]{2}i\}$이 된다. 이들을 그림으로 표시해보면 아래와 같다.

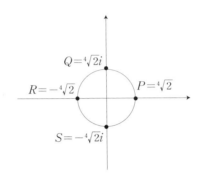

방정식 x^4-2의 해

　　근들의 집합 Z는 4개의 원소로 이루어져 있으므로, Z의 자기 동형사상들은 모두 $4 \times 3 \times 2 \times 1 = 24$개가 된다. 그러나 이전에 집합의 자기동형사상, 곧 자기자신으로 가는 일대일 대응만을 생각했던 것에 비추어 보면, 이번에는 근들이 강한 대수적 구조를 갖는 복소수 체계 안에 들어 있다. 우리가 원하는 자기 동형사상이 이러한 대수적 구조 또한 모두 보존하기를 원한다면, 24개의 모든 자기동형사상 중 일부만이 우리가 원하는 것이 될 것이다. 예를 들어 σ^*가 한 자기동형사상이라 하자. z_1, $z_2 \in Z$라 할 때, 대수적 구조를 보존한다는 말은 $\sigma(z_1 + z_2) = \sigma(z_1) + \sigma(z_2)$의 조건과 $\sigma(z_1 z_2) = \sigma(z_1)\sigma(z_2)$의 두 조건을 모두 만족시킨다는 뜻이다.

특별히 만일 σ가 $\sigma(P) = Q$이고 $\sigma(Q) = S$였다고 하자. 그러면 $Q/P = \sqrt[4]{2}i / \sqrt[4]{2} = i$므로, 다음과 같은 결과가 나온다.

$$\sigma\left(\frac{Q}{P}\right) = \frac{\sigma(Q)}{\sigma(P)} = \frac{S}{Q} = \frac{-\sqrt[4]{2}i}{\sqrt[4]{2}i} = -1$$

즉 $\sigma(i) = -1$이란 사실이 얻어진다. 그렇다면,

$$\sigma(-1) = \sigma(i^2) = \sigma(i)\sigma(i) = 1$$

그러나 이 경우에는, 다음의 식이 또한 성립하게 되어 모순이 발생한다!

$$0 = \sigma(0) = \sigma(1-1) = \sigma(1) + \sigma(-1) = 1 + 1 = 2$$

즉, $\sigma(P) = Q$이고 $\sigma(Q) = S$를 모두 만족하는 σ는 단순히 집합의 자기동형사상으로 보았을 때는 존재할 수 있겠지만, 근의 대수적 구조

---

* 그리스 문자이고, '시그마'라 읽는다.

까지 고려하면 존재할 수 없다는 뜻이다. 따라서 일반적으로 이러한 대수적 구조까지 모두 보존하는 자기동형사상들의 모임 $G(f)$는 단순한 자기 동형사상들의 모임 G의 부분군으로서, 일반적으로 G에 비해 원소의 개수는 더 적다. 우리의 예시인 다항식 x^4-2의 경우, $G(x^4-2)$는 원소가 8개짜리 군으로서, 사실은 이전에 살펴보았던 사각형의 구조를 보존하는 자기동형사상의 군과 본질적으로 같아진다. '대수적구조를 보존하는 사상'의 개념을 한마디로 요약하자면 다항식 f의 갈루아군이란, f의 군들로 부터 생성되는 모든 수들로 이루어진 수 체계의 대칭군이다. 그렇다면 결국 갈루아의 혁신적인 아이디어는 보통 기하적인 맥락에서 생각하는 대칭성의 개념을 수체계로 확장한 것이다.

5차 이상의 다항식이 근의 공식을 갖지 않는다는 정리를 증명하기 위한 가장 중요한 단계는, 바로 다음 주장을 증명하는 데 있다.

유리수 계수를 갖는 다항식 $f(x)$가 주어져 있다고 하자. 이때 방정식 $f(x)=0$이 근의 공식을 갖게 될 필요충분조건은 군 $G(f)$가 가해군(Solvable Group)인 것이다.

군들을 분류할 때 가장 간단한 군들이 앞서 소개한 나머지 군들이다. 그중에 특히 소수 p에 기반한 나머지군 $\mathbf{Z}_2$, $\mathbf{Z}_3$, $\mathbf{Z}_5$, $\mathbf{Z}_7$, $\mathbf{Z}_{11}$, ⋯ 들은 군의 세계 안에서 우리가 사는 물질세계의 원소와 같은 역할을 한다. 즉, 그들은 더 이상 작은 부분군들로 분해되지 않으며 이 군들을 적당히 '합성'해서 만든 군들이 바로 가해군들이다.*

그런데 불행히도** 군론의 원소들은 이걸로 끝나지 않고 훨씬 더 복잡한 것들이 많다. 전문 용어로는 더 작은 군으로 분해되지 않는, 물질세계의 원소 같은 군들을 **단순군**(Simple Group)이라 부른다. 단순군 중에서 가환군들은 바로 Z_p꼴의 군들이다. 즉, 가환군의 세계의 원소들은 보통의 소수와 자연스러운 대응관계가 있다. 따라서 비가환군세계의 원소들인 단순군들을 소수의 일반화로 생각하는 것도 가능하다.

오차다항식 $f(x) = x^5 + 20x + 16$에 대응되는 군 $G(f)$는 수학자들이 '차수 5의 교대군(Alternating Group of Degree 5)'이라 부르는 군 A_5인데, 이 군은 크기가 60인 단순군임이 알려져 있다. 따라서 이 군 A_5는 가해군이 될 수 없고, 따라서 f의 근의 공식은 존재하지 않는다! 이 증명을 향한 과정에서의 갈루아의 업적을 살펴보면 군 세계의 원소인 단순군을 포함하여 이제껏 등장한 많은 개념들을 단순히 정의하고 발견한 업적뿐 아니라, 그런 새로운 요소들이 자연스럽게 다항식의 공부로부터 야기된다는 착안을 한 것이다.

군은 집합에 연산이 하나 주어진 어찌 보면 무척 단순해 보이는

---

* 이 상황에 적합한 합성의 개념을 학부 대수학 과정에서 배우게 된다. 수학 방법론의 중요한 원리 중 하나가 어떤 구조를 공부하든지 간에 그 구조들을 분해하고 합성하는 과정을 체계화해야 한다는 것이다.

** 어쩌면 다행히도

수학적 대상이지만 수학 전반에 걸쳐 엄청난 영향을 끼치고 있다. 앞서 사각형의 모양을 보존하는 자기동형사상을 모아 만들어진 군이나, 다항 방정식의 해들의 대수적 구조를 보존하는 자기동형사상을 모아 만들어진 군 등을 생각하였던 것은 차라리 군이 수학의 세계 안에서 맡는 역할의 빙산의 일각에 불과할 뿐이다. 그럼에도 위 예시들은 군의 가장 본질적인 속성을 잘 드러내주고 있다. 이는 군이 어떤 수학적 대상의 자기동형사상, 즉 대상의 구조를 완전히 보존하면서 대상 자신을 변형시키는 방식에 대한 모든 정보를 담고 있다는 점이다. 이는 정확히 대칭성(Symmetry)을 수학적으로 엄밀히 이야기하는 것이다. 우리는 어떤 사물을 다른 사물과 비교하며 더 대칭적인 것이 어떤 것인지 구분할 수 있다.

무언가가 더 대칭적이라는 것은 스스로의 구조를 보존하면서 더 다양한 방식으로 스스로를 변형시킬 수 있다는 뜻이다. 좀 더 수학적으로(대수학적으로) 표현하자면 대칭성이 풍부하다는 것은 곧 그 사물이 풍부한 자기동형사상을 갖는 것이라고 말할 수 있다. 예를 들어 완전한 구는 어떤 방향으로 회전시키든지 다시 같은 형태가 되어 수많은 회전변환들이 모두 구의 자기동형사상이 된다고 할 수 있어 풍부한 자기동형사상을 가지고 있는 수학적 대상이고, 따라서 완전한 구는 아주 대칭적인 물체가 되는 것이다. 이렇듯 어떤 대상의 대칭성이 군으로 표현 가능하기 때문에 군론이란 본질적으로 대칭성에 관한 학문이라 할 수 있다.

현대 물리학에서 군론이 수행한 핵심적인 역할도 대칭성의 수학적 표현이라는 사실로부터 연유한다. 물리학에서의 궁극적인 목표 중 하나는 세상 만물의 운동을 수학적 방정식으로 표현할 수 있는 이론을 개발하는 것이다. 상대성이론이나 소립자물리학 등의 현대 물리학을 연구하는 물리학자들은 그 방법으로써 주어진 물리적인 현상의 대칭성을 충분히 감안하면서, 동시에 가능한 한 가장 간단한 원리를 생각하면 실제 현상과 상당히 일치하는 이론을 찾을 수 있다는 기적적인 사실을 발견하였다. 따라서 정상적으로 표현 가능한 물리학적인 대칭성을 수학의 언어로 엄밀하게 표현할 수단이 필요하게 된다. 군론이 물리학에서 중요하게 응용되는 이유가 바로 이것으로, 물리학적인 대칭성을 엄밀한 정량적인 언어로 표현하는 필수적인 역할을 하기 때문이다. 이렇듯 20세기 물리학에서 절대적으로 요구되는 수학적 구조가 19세기에 이미 수에 대한 세밀한 연구를 통해서 개발되어 있었던 사건은 과학 역사의 기적적인 에피소드로 생각할 수밖에 없다. 결국은 수에 대한 고찰이 끊임없는 창조와 발견의 근원임을 확인해주는 또 하나의 표본인 것이다.

참고 문헌

수학역사 사이트 (MacTutor History of Mathematics archieve)

www-history.mcs.st-and.ac.uk

— 이 책을 읽으면서 스스로 좀 더 심도 있는 탐구를 하는 데 도움이 될 만한 많은 자료를 인터넷 수학역사 사이트에서 찾을 수 있다. 이 사이트에서는 피타고라스와 갈루아 등 이 책에 등장하는 수학자들의 전기를 검색해 볼 수 있고 또한 특정한 주제, 예를 들어 군론에 대해서 알고 싶으면 관련된 페이지(www-history.mcs.st-and.ac.uk/HistTopics/Development_group_theory.html)를 읽어볼 수 있다.

존 스틸웰(John Stillwell)의 수학사 책

《Numbers and Geometry》, Undergraduate Texts in Mathematics. Readings in Mathematics, Springer, New York, 1998.

《The Four Pillars of Geometry》, Undergraduate Texts in Mathematics, Springer, New York, 2005.

《Mathematics and its History》, third edition, Undergraduate

Texts in Mathematics, Springer, New York, 2010.

복소수의 시각적인 면을 강조한 교재

Needham, Tristan, 《Visual Complex Analysis》, The Clarendon Press, Oxford University Press, New York, 1997.

  ―대학수학 수준의 교재지만 시작 부분은 별 배경지식 없이도 읽는 것이 가능하다.

대칭성에 대한 대중서

Weyl, Hermann, 《Symmetry》, reprint of the 1952 original, Princeton Science Library, Princeton University Press, Princeton, 1989.

실수 체계의 철학적 배경을 다룬 책

Weyl, Hermann, 《The continuum: a Critical Examination of the Foundation of Analysis》, Dover Publications, Inc., New York, 1994.

수와 좌표계에 대한 아인슈타인(Albert Einstein)의 책

《The Meaning of Relativity》, reprint of the 1956 edition, Princeton University Press, Princeton, 1988.

무한 수에 대한 역사적 시각을 흥미롭게 다룬 책

Vilenkin, Naum Y., 《In Search of Infinity》, translated from the Russian original by Abe Shenitzer with the editorial assistance of Hardy Grant and Stefan Mykytiuk, Birkhäuser Boston, Inc., Boston, 1995.

제논의 역설을 논리학적인 관점에서 재미있게 다룬 책

Hofstadter, Douglas R., 《Gödel, Escher, Bach: an Eternal Golden Braid》, Basic Books, Inc., Publishers, New York, 1979. (국문 번역본 : 더글러스 호프스태터, 《괴델, 에셔 바흐: 영원한 황금 노끈》 상/하, 박여성 옮김, 까치글방, 1999.)

수학의 수학

1판 1쇄 발행 2016년 1월 13일
1판 6쇄 발행 2023년 7월 7일

지은이 · 김민형 김태경
펴낸이 · 주연선

책임편집 · 오가진
편집 · 이진희 심하은 백다흠 강건모 이경란 윤이든 강승현
디자인 · 이승욱 김서영 권예진
마케팅 · 장병수 김한밀 정재은 김진영
관리 · 김두만 유효정 신민영

(주)은행나무
04035 서울특별시 마포구 양화로11길 54
전화 · 02)3143-0651~3 | 팩스 · 02)3143-0654
신고번호 · 제 1997—000168호(1997. 12. 12)
www.ehbook.co.kr
ehbook@ehbook.co.kr

ISBN 978-89-5660-977-5 03410